ILJA GRZESKOWITZ

LET'S TALK ABOUT CHANGE, BABY!

Ein Motivations-Manifest

für Unternehmer, Querdenker und alle,

die es werden wollen

Bibliografische Information der Deutschen Nationalbibliothek

Die Deutsche Nationalbibliothek verzeichnet diese Publikation in der Deutschen Nationalbibliografie; detaillierte bibliografische Informationen sind im Internet unter http://dnb.d-nb.de abrufbar.

ISBN 978-3-86936-758-3

Lektorat: Ulrike Hollmann, Hambergen
Umschlaggestaltung: Martin Zech Design, Bremen | www.martinzech.de
Autorenfoto: Philip Reichwein
Satz und Layout: Das Herstellungsbüro, Hamburg | www.buch-herstellungsbuero.de
Druck und Bindung: Salzland Druck, Staßfurt

Copyright © 2017 GABAL Verlag GmbH, Offenbach

www.gabal-verlag.de
www.twitter.com/gabalbuecher
www.facebook.com/Gabalbuecher

Inhalt

WIDMUNG

Für alle Unternehmer da draußen.

Danke für euren Mut, jeden Tag Verantwortung zu übernehmen.

Ein Vorbild für eure Mitarbeiter, eure Familien und eure Geschäftspartner zu sein.

Jeden Tag aufs Neue trotz vieler Hürden und Hindernisse wieder anzugreifen.

Zu investieren, zu verändern und Arbeitsplätze zu schaffen.

Ihr seid das Rückgrat unserer Gesellschaft!

Intro: Überlebensstrategien für die Märkte von morgen

Veränderung ist ein wenig wie Sex als Teenager. Alle reden darüber. Jeder denkt, die anderen machen es. Niemand weiß, wie es richtig geht, und keiner tut es wirklich. Ich weiß nicht, wie es Ihnen geht, liebe Leserinnen und Leser, aber beim Schreiben dieser Zeilen habe ich mich selbst ertappt gefühlt. Doch während ich meine vollkommene Orientierungslosigkeit im zarten Alter von fünfzehn noch mit einer Selbstdarstellung überspielen konnte, die eines Barons Münchhausen würdig gewesen wäre, gibt es in unserer heutigen Zeit keine Ausrede mehr, um sich nicht mit dem Thema Veränderung zu beschäftigen. Die Welt wandelt sich nämlich. Immer schneller. Disruptive Technologien, die demografische Entwicklung und besonders die digitale Revolution schütteln die Gesellschaft, die Märkte und auch unseren ganz persönlichen Alltag heftig durcheinander.

Ein paar Beispiele gefällig? Bestellungen aus dem Internet werden längst von Drohnen geliefert, 3-D-Drucker sind mittlerweile in der Lage, nahrhaftes Essen herzustellen, und Roboter mit künstlicher Intelligenz werden dafür sorgen, dass in der Zukunft Millionen von Jobs überflüssig werden. Und als ob das noch nicht genug wäre, sorgen weltweite Krisen, der zunehmende Regulierungswahn der Politik und die Verschiebung von gesellschaftlichen Werten dafür, dass die nächsten Jahre mehr als spannend werden. Ob wir es nun gut finden oder nicht, der persönliche Umgang mit diesem Wandel wird die wichtigste Schlüsselkompetenz der Zukunft sein. Der Titel dieses Buches ist daher Programm: Lassen Sie uns über Veränderung reden!

Auch ich gehe dabei neue Wege, denn dies ist kein klassischer Ratgeber, sondern ein Manifest. Eine Zusammenfassung meiner Ideen, Meinungen und Erfahrungen zum Thema Change. Und es ist für die Menschen geschrieben, die mir am meisten am Herzen liegen. Es ist ein Manifest für all die Unternehmer und Change-Maker da draußen, die jeden Tag aufs Neue einen Unterschied machen. Die ihre Firmen, Familien und Freunde mit ihrer Begeisterung anstecken. Die jeden Morgen mit einer Leidenschaft an die Arbeit gehen, die der eines Gene Simmons, Ozzy Osbourne oder Bruce Springsteen würdig wäre. Denn unterm Strich sind Sie als Unternehmer die Rockstars unseres Alltags. Niemand sagt Ihnen, was Sie zu tun oder zu lassen haben. Keine Subventionen, Umverteilungen oder Politikergeschenke bestimmen über Ihren Erfolg, sondern ausschließlich Ihre Ideen, Entscheidungen und der Mut zu neuen Wegen. Gleichzeitig übernehmen Sie eine große Verantwortung für andere Menschen. Für Ihre Mitarbeiter, Geschäftspartner und Familien. Das ist beileibe nicht immer einfach, denn oftmals fühlen Sie sich wie Picasso, der stundenlang vor einer leeren Leinwand sitzt. Sie spüren die gleichen Qualen wie Eric Clapton, dem einfach das entscheidende Riff für den neuen Hit nicht einfallen will. Sie erfahren die gleichen Ängste wie Ernest Hemingway, der aus einem weißen Blatt Papier einen Jahrhundertroman erschaffen muss.

Es ist mir daher ein Herzensbedürfnis, Sie mit dem bestmöglichen Rüstzeug auszustatten, um in den Märkten von morgen überleben zu können. Ihr Unternehmen, Ihr persönliches Umfeld und auch Ihre persönliche Karriere für die Herausforderungen der Zukunft fit zu machen. Und lassen Sie uns gleich von Anfang an Tacheles reden. Sie erhalten von mir keine Schritt-für-Schritt-Anleitung, die Sie nach der Lektüre dieses Manifests nur noch abhaken müssen. Sie finden in diesem Buch auch keine konkreten Taktiken, detaillierte Umsetzungspläne oder spezifische Anweisungen. Das *Was* ist nicht entscheidend, und Sie wissen ganz genau, wie Sie Ihren täglichen Job zu machen haben. Nein, wir wollen uns um den Mutterboden Ihres Erfolgs kümmern und viele einzelne Samen säen, die zu einer Ernte führen, von der Sie auch in Jahren noch zehren können.

Viel wichtiger ist nämlich Ihre Haltung zum Thema Change, also das *Wie* und das *Warum*. Nicht umsonst lautet einer meiner Leitsätze: Veränderung ist nicht das, was um uns herum passiert, sondern die Art und Weise, wie Sie im Kopf damit umgehen. Es ist eine ganz bestimme Art zu denken, zu entscheiden und Verantwortung zu übernehmen, die es nicht nur einmal, sondern jeden Tag aufs Neue auszurichten gilt.

Ich möchte Sie daher ermutigen und gleichzeitig herausfordern, darüber nachzudenken, wie Sie nachdenken. Wie Sie Ihre Entscheidungen treffen. Wie Sie mit dem immer dynamischer werdenden Wandel umgehen. Die absolut wichtigste Grundlage ist die richtige Attitüde. Das Mindset eines Business-Rockstars. Denn um in Zeiten der Veränderung erfolgreich sein zu können, ist Dienst nach Vorschrift leider nicht genug. Stattdessen benötigen Sie all die Eigenschaften, die den Rock 'n' Roll ausmachen. Denn er ist viel mehr als nur Musik. Er ist eine Lebenseinstellung, eine Haltung und eine Philosophie. Er ist die Lust an der Kreativität, der Spaß am Erschaffen von Werten und der eigene Anspruch, anderen Menschen das Leben ein kleines bisschen besser zu machen.

Diese besondere innere Haltung ist es, die den Unterschied zwischen Niederlage und Sieg, Bedeutungslosigkeit und Rampenlicht, Scheitern und Erfolg macht. Wenn Bruce Springsteen irgendwo auf der Welt eine Bühne betritt, dann spüren Sie seine positive Besessenheit bis in die allerletzte Reihe. Er spielt jeden einzelnen Song mit einer kindlichen Begeisterung, als ob es für ihn das allererste Mal wäre. Mit einer Intensität, dass Sie das Gefühl haben, es wäre das allerletzte Lied, das er jemals spielen würde. Von Fußballtrainer Jürgen Klopp weiß man, dass er wie kein Zweiter in der Lage ist, seine Spieler zu Mentalitätsmonstern zu formen. Es spielt keine Rolle, wie hoffnungslos die Situation an der Liverpooler Anfield Road auch scheinen mag. Das Team in den roten Trikots glaubt immer an die eigene Chance und nutzt jede noch so kleine Möglichkeit, um den Platz als Sieger zu verlassen. Und auch in Ihrer Branche, in Ihrem Unternehmen und in Ihrem Leben ist es die Haltung, die am Ende des Tages den Unterschied macht.

Sie können es drehen und wenden, wie Sie wollen, in Zeiten disruptiver Technologien, einer sich wandelnden Gesellschaft und der stetig voranschreitenden digitalen Revolution gibt es nur eine einzige Konstante, auf die Sie sich immer verlassen können. Und das Beste daran: Sie können sie komplett selbst steuern, beeinflussen und ausbauen. Ich spreche von Ihrer einzigartigen Persönlichkeit. Auch wenn um Sie herum alles zusammenbrechen sollte, haben Sie doch immer die Gewissheit, auf kraftvolle Werte, starke Prinzipien und eine ansteckende Begeisterung zurückgreifen zu können.

Ich mag das Bild der majestätischen Eiche, deren Blätter an zahlreichen Ästen im Wind wehen. Wie stark die Stürme auch sein mögen – fast schon mühelos passt sich der Baum an die jeweilige Situation an. Er ist dazu in der Lage, weil er starke Wurzeln besitzt, die meterweit in den Boden hinabreichen und damit für Stabilität, Orientierung und Kraft sorgen. Genau dieses Prinzip machen wir uns auch in diesem Manifest zunutze. Um Erfolg in den unterschiedlichsten Lebensbereichen haben zu können, benötigen Sie eine maximale Flexibilität in Ihrem Verhalten, während Sie gleichzeitig auf stark verwurzelte Werte, Überzeugungen und Prinzipien zurückgreifen.

In den folgenden 77 ½ Kapiteln werde ich Sie mit den notwendigen Impulsen versorgen, um Ihre Blätter flexibler und Ihre Wurzeln stärker zu machen (warum ich diese krumme Zahl gewählt habe, erfahren Sie übrigens am Ende dieses Manifests). Je größer Ihre Ziele, Vorhaben und Träume sind, desto lieber ist es mir. Und sollten Sie genau wissen, was Sie nicht mehr wollen, aber noch keine genaue Idee haben, was

Sie stattdessen haben möchten, dann ist das auch okay. Damit Sie das Maximum aus der Lektüre herausholen, werde ich Sie herausfordern, anschieben, ziehen und ermutigen. Und wenn es sein muss, dann erhalten Sie von mir auch gerne einen liebevollen Tritt in den Hintern. Eines möchte ich Ihnen versprechen: In diesem Manifest ist kein Platz für Herumeierei, Ausreden oder Abwarten. Stattdessen sprechen wir Klartext und legen unsere ganze Kraft in die Entwicklung Ihrer Persönlichkeit, Ihrer Fähigkeit, kritisch zu denken, und ganz besonders in die dafür notwendige Mentalität.

Hier folgt auch schon die erste kraftvolle Idee. Sie ist auf so gut wie alles im Leben übertragbar, beim Lesen dieses Manifests erhält sie jedoch eine besondere Bedeutung. Wann immer bei Ihnen Gedanken wie »Das kenne ich schon«, »Weiß ich bereits«, »Das mag bei anderen funktionieren, bei mir auf keinen Fall« oder auch »So einfach ist das ja nun nicht« auftauchen, sollten sämtliche Alarmglocken schrill zu läuten beginnen. Achten Sie auf diese Momente bitte ganz bewusst, denn sie passieren uns im Alltag ständig. Sie sind aber leider die beste Ausrede dafür, doch nichts verändern zu müssen, in der alten Bequemlichkeit verharren zu können und lieber auf Nummer sicher zu gehen. Ich würde mir wünschen, dass Sie sich stattdessen drei andere Fragen stellen:

1. Welche Relevanz hat diese Idee für meine derzeitige Situation?
2. Wie muss ich anders denken und handeln, um diese Idee für mich bestmöglich nutzen zu können (in dieser Frage steckt richtiges Dynamit)?
3. Welche Chancen ergeben sich für mich, wenn ich diese Idee umsetze?

Wenn Sie mit einer solch offenen Haltung an die Inhalte dieses Manifests gehen, dann kann ich Ihnen versprechen, dass Ihr Unternehmen nach der Lektüre nicht mehr das gleiche sein wird. Denn *business as usual* ist schon lange vorbei, und nur mit den Methoden von gestern werden wir die Herausforderungen der Zukunft nicht meistern können. Es ist daher notwendig, ein paar alte Zöpfe abzuschneiden und gleichzeitig voller Mut die neuen Besen zu schwingen. Haben Sie Lust dazu? Dann schnallen Sie sich an für unsere gemeinsame Achterbahnfahrt namens Veränderung. Lassen Sie uns die Welt verändern. Ich mache es einfach. Sie auch?

Herzliche Grüße

Ihr *Ilja Grzeskowitz*
Berlin, Boston und New York im Sommer 2016

1. GLAUBEN SIE MIR NICHTS

Ich bin aufgeregt. Sehr. Dieses Buch wird ganz anders als meine anderen. Es wird wie ein leichtes, inspirierendes Buffet voll mutiger Ideen, die Sie dabei unterstützen sollen, mit den kleinen und großen Herausforderungen des Alltags (besser) klarzukommen, die notwendigen Veränderungen aktiv anzupacken und insgesamt ein erfüllteres Leben zu führen. Denn haben Sie nicht auch manchmal das Gefühl, dass mehr in Ihnen steckt? Dass Sie Ihr Potenzial noch lange nicht ausgeschöpft haben? Dann sollten Sie hier und jetzt die Entscheidung treffen, sich auf den Weg zu Ihrer eigenen Großartigkeit zu machen. Der Schlüssel hierzu heißt Veränderung. Deshalb lautet der Titel dieses Buchs auch *Let's talk about change, baby!* Genau das möchte ich mit Ihnen tun. Über neue Ideen, neue Konzepte und neue Wege reden. Dabei soll es beileibe aber nicht bleiben. Ich möchte mehr. Nicht für mich, sondern für Sie.

> **Haben Sie das Gefühl, dass Sie Ihr Potenzial längst nicht ausgeschöpft haben?**

Ich möchte Sie mit mutigen Ideen zum Nachdenken bringen. Sie mit inspirierenden Thesen dazu animieren, Ihre gewohnten Pfade zu verlassen und die unterschiedlichsten Aspekte Ihres Alltags aus einem anderen Blickwinkel zu betrachten. Ganz besonders möchte ich Sie aber einladen, so viele Impulse wie möglich umzusetzen. Denn wir verändern uns immer nur durch Taten und niemals durch Absichtserklärungen.

Dabei ist mir eines besonders wichtig. Ich werde niemals den Zeigefinger erheben, um Ihnen zu sagen, wie Sie Ihr Leben führen sollten. Nein, ich bin kein Prediger und auch niemand, der die Weisheit mit Löffeln gefressen hat. Ich habe die gleichen Probleme, kämpfe mit den gleichen Herausforderungen und habe die gleichen Träume wie Sie. Nur habe ich mich vor über zehn Jahren dazu entschieden, den Verlauf meines Leben nicht mehr als gegeben hinzunehmen, sondern meine Zukunft aktiv zu gestalten. Verantwortung für mein Denken, meine Entscheidungen und meine Taten zu übernehmen. Das Studium der Veränderung zu meinem zentralen Lebensinhalt zu machen. Meine Erfahrungen daraus möchte ich gerne an Sie weitergeben. Denn was ich kann, können Sie schon lange.

Gleichzeitig möchte ich Sie auffordern: Glauben Sie mir nichts. Überprüfen Sie stattdessen jede einzelne meiner Ideen kritisch und probieren Sie meine Thesen aus. Was Ihnen gefällt, das behalten Sie bei. Das andere nicht. Hauptsache, Sie gehen Ihren eigenen Weg. Haben Sie Lust, dass wir diesen Weg ein kleines Stück gemeinsam gehen?

Ich danke Ihnen bereits jetzt für Ihr Vertrauen. Es bedeutet mir sehr viel. Im Gegenzug verspreche ich, in jedes Kapitel, in jeden Satz und in jedes einzelne Wort meine komplette Erfahrung, Leidenschaft und Begeisterung für das Thema Change zu legen. Und wenn der Funke auf Sie überspringt, dann würde dies mein Herz mit Stolz erfüllen. Lassen Sie uns gemeinsam die Welt verändern. In kleinen Schritten. Und einen Menschen nach dem anderen mitziehen. Eine Lawine, die ins Rollen gekommen ist, lässt sich nicht mehr aufhalten. Let the change begin!

2. GESCHENKE DES LEBENS

»Take me to the magic of the moment / On a glory night / Where the children of tomorrow dream away / In the wind of change.« Wenn ich diesen Refrain der Rockband *The Scorpions* höre, muss ich unweigerlich an die Zeit des Mauerfalls 1989 denken. Seit jenem historischen Moment ist dieser Song zu *der* Hymne geworden, die für Change, für Veränderung steht. Der Text erinnert mich an eine alte chinesische Weisheit, die mich schon seit vielen Jahren begleitet: »Wenn der Wind der Veränderung weht, dann bauen die einen Mauern und die anderen Windmühlen.« Weise Worte, die in unserer heutigen, vom intensiven Wandel geprägten Zeit immer mehr an Bedeutung gewinnen. Wobei wir bei der Taktung der heutigen Veränderungen eigentlich schon längst von orkanartigen Zuständen sprechen können.

Alles ändert sich, nichts bleibt gleich. Die Gesellschaft, die Wirtschaft und ganz besonders unsere individuellen Arbeitsplätze. Unterm Strich gibt es wohl kaum noch einen Lebensbereich, der nicht von zum Teil massiven Veränderungen betroffen ist. Und jetzt Hand aufs Herz: Befürworten Sie diese Entwicklung, oder wünschen Sie sich doch manchmal die gute alte Zeit zurück, als alles noch mehr oder weniger gemütlich ablief?

Ich möchte Ihnen eine mutige Idee anbieten. Es spielt überhaupt keine Rolle, wie wir den Wandel bewerten. Es ist, wie es ist. Wir werden ihn weder aufhalten noch beschleunigen können. Viel entscheidender ist, wie wir darauf reagieren. Je besser wir auf zukünftige Trends vorbereitet sind, desto besser können wir auch damit umgehen. Vor ein paar Jahren habe ich meinen Urlaub in der Surfer-Hochburg Huntington

Beach im Süden von Los Angeles verbracht. Die Menschen dort haben einen tollen Wahlspruch: »Du kannst die Welle nicht verhindern. Aber du kannst lernen, sie zu reiten.«

Genauso ist es auch im Leben. Die Frage ist nicht, ob Sie vom immer intensiver werdenden Change betroffen sind, sondern ausschließlich, wie gut Sie darauf vorbereitet sind und wie Sie damit umgehen. Und weil das so ist, dreht sich in diesem Buch alles um Veränderung. Sie ist der rote Faden, das zentrale Thema und natürlich auch der Namensgeber. Mein großes Ziel ist es dabei, Ihnen die Angst vor neuen Wegen zu nehmen, damit Sie Wandel nicht länger als eine Bedrohung betrachten, sondern als eine großartige Möglichkeit, zu wachsen, besser zu werden und die riesigen darin versteckten Chancen zu nutzen. Denn unterm Strich sind Veränderungen nichts anderes als großartige Geschenke des Lebens. Und ich bin mir bewusst, dass Sie oftmals ganz genau hinsehen müssen, denn die schönsten Präsente kommen gerne in einer äußerlich nicht besonders attraktiven Verpackung daher. Doch je mehr Sie Ihren Fokus ausrichten, sich auf Chancen und Möglichkeiten konzentrieren und die Ideen dieses Buches ausprobieren, desto schöner wird die Belohnung sein. Lassen Sie dabei die Worte Voltaires zu Ihrem persönlichen Wegweiser werden: »Gott hat uns das Leben geschenkt. Es ist unsere Aufgabe, uns selbst damit zu beschenken, es gut zu leben.«

> **Veränderungen sind Geschenke des Lebens.**

3. TRAU DICH, DU SELBST ZU SEIN

Ich sitze zu Hause und höre Musik. Die charismatische Stimme von *Audioslave*-Sänger Chris Cornell schallt aus den Boxen: »To be yourself is all you can do.« Und während ich mich in der Melodie dieses wunderbaren Songs verliere, muss ich an den vielleicht wichtigsten Ratschlag denken, den ich in meinem Berufsleben jemals bekommen habe. Es war vor vielen Jahren, am Anfang meiner beruflichen Karriere. Einer meiner Mentoren sagte damals: »Ilja, was auch immer du in der Zukunft tun wirst, das Wichtigste ist, dass du dich traust, du selbst zu sein.«

Ich weiß es noch, als ob es gestern gewesen wäre. Damals nickte ich und dachte: »Ja klar, wer soll ich denn sonst sein?« Und trotzdem habe ich mich in den folgenden Jahren an allem und jedem orientiert, nur nicht an meinen eigenen Bedürfnissen, Werten und Prinzipien. Aus Angst vor Ablehnung und dem Drang nach Anerkennung habe ich die unterschiedlichsten Rollen gespielt, mehr oder weniger bequeme Masken getragen und versucht, es so vielen Menschen wie möglich recht zu machen.

Ich muss wohl nicht extra erwähnen, dass ich mich dabei immer weiter von meinem inneren Kern entfernt habe. Erst vor Kurzem habe ich wirklich verstanden, welche wunderbaren Kräfte es freisetzen kann, wenn man sich traut, man selbst zu sein. Die echte Persönlichkeit mit jeder Faser des Körpers zu leben und sich bei allen Entscheidungen des Alltags von den eigenen Werten leiten zu lassen. Ein befreiender Moment, der den Alltag bunter, intensiver und abwechslungsreicher machte.

Wenn Sie also nur eine Idee aus diesem Buch für sich mitnehmen, dann würde ich mir wünschen, dass es die gleiche wäre, die ich vor fast fünfzehn Jahren gehört habe: »Trauen Sie sich, Sie selbst zu sein.« Sobald Sie diese Entscheidung getroffen haben, wird Ihr Leben nie mehr das gleiche sein. Ich meine damit auf keinen Fall, dass Sie andere Menschen ignorieren sollen. Nichts ist wertvoller als klares Feedback, spannende Diskussionen und die Ratschläge von Persönlichkeiten, die auf bestimmten Gebieten mehr Erfahrung haben als Sie. Hören Sie gut zu, prüfen Sie die Informationen kritisch und nutzen Sie die Ideen, die Sie für sinnvoll erachten. Aber das wichtigste Entscheidungskriterium sollte immer Ihre ureigene Persönlichkeit mit allen Stärken und Schwächen sein. Ihre innere Stimme ist der beste Kompass, den Sie sich wünschen können.

Ich könnte es niemals so gut formulieren wie Ralph Waldo Emerson, der es wunderbar auf den Punkt gebracht hat: »Du selber zu sein in einer Welt, die permanent versucht, dich zu jemand anderem zu machen, das ist die größte Leistung überhaupt.«

Die Welt lechzt nach echten Persönlichkeiten.

Trauen Sie sich. Seien Sie mutig. Seien Sie ein Unikat. Mit Haut und Haaren. Mit Worten und Taten. Im Job, in der Familie, bei allem, was Sie tun. Die Welt ist voller schlechter Kopien. Sie lechzt nach echten Persönlichkeiten.

4. DAS ZEITALTER DER UNTER-NEHMER

Wie der Untertitel des Buchs schon sagt, ist es für Unternehmer geschrieben. Und solche, die es werden wollen. Damit meine ich selbstverständlich den Beruf des Unternehmers. Es ist kein Geheimnis, dass ich ein riesiger Fan des Mittelstands bin, denn nirgendwo sonst werden so viele Arbeitsplätze geschaffen, Innovationen vorangetrieben und produktive Werte geschaffen. Aber auch jeder Selbstständige, Freiberufler und Inhaber eines Kleinbetriebs gehört zu dieser Kategorie. Thomas Mann hat einmal gesagt: »Einen Hut trägt man, um ihn bei Gelegenheiten abzunehmen, wo es sich schickt.« Dies ist so ein Moment, und vor jedem Einzelnen von Ihnen ziehe ich für Ihren Mut, Ihren Einsatz und Ihre Leistung meinen Hut.

Doch ich weiß auch, dass nicht jeder zum Unternehmer geboren ist. Es gibt einfach Menschen, die ihre Talente in einem Angestelltenverhältnis wesentlich besser ausleben können. Doch auch als Manager in einem großen Konzern, als Beamter in einer Behörde oder als Mitarbeiter in einem Industriebetrieb haben Sie jeden Tag die Möglichkeit, wie ein Unternehmer zu denken, zu entscheiden und zu handeln. Ja, Sie haben richtig gehört. Unternehmerisch tätig zu sein ist keine Frage der beruflichen Position, sondern vor allem des Mindsets. Und da ist die Frage, ob Sie eher zur Kategorie des Unternehmers oder der des Unterlassers gehören. Ich möchte Ihnen erklären, was ich damit meine.

Unterlasser sind ganz normale Menschen wie Sie und ich. Allerdings sind sie im Laufe der Jahre passiv geworden und warten in ihrer bequemen Komfortzone ab, was das Leben mit ihnen so vorhat. Es ist ein wenig wie in der Lotterie. Sie schauen gespannt, welche Zahl ihnen das Schicksal präsentiert, und reagieren dann darauf. Oder manchmal eben auch nicht. Unterlasser werden häufig zum Spielball anderer. Sie sind hauptsächlich auf Probleme, Hindernisse und Schwierigkeiten fokussiert und verwenden viel Zeit und Energie darauf, sich selbst und anderen zu erklären, warum etwas nicht geht. Ihr Alltag ist von Jammern und Klagen geprägt und sie sind niemals so wirklich zufrieden. Trotzdem fällt es ihnen sehr schwer, sich zu verändern.

Der Unternehmer ist anders. Als Macher bestimmt er selbst, wie sein Leben aussehen soll. Er wartet nicht darauf, was das Schicksal mit ihm vorhat, sondern gestaltet seine Zukunft aktiv. Er richtet seinen Fokus auf Chancen und Möglichkeiten, ist jederzeit bereit, diese zu ergreifen, wenn sie sich bieten, ist offen für Neues, stets neugierig und betrachtet Veränderungen als ein großes Geschenk des Lebens. Er trägt gerne Verantwortung. Für andere, besonders aber für sich selbst.

Haben Sie sich in der Beschreibung des Unternehmers wiedergefunden? Prima, denn dieses Buch wurde genau für Menschen wie Sie geschrieben. Und wenn Sie sich die Haltung des Unternehmers erst aneignen wollen, dann ist dies auch vollkommen okay, denn Sie werden in den kommenden Kapiteln viele Ideen, Anregungen und Impulse für Ihren Weg erhalten. Das Zeitalter der Unternehmer hat begonnen. Lassen Sie uns gemeinsam die Welt verändern.

Das Zeitalter der Unternehmer hat begonnen.

5. DIE 7-SEKUNDEN-REGEL

Kennen Sie diese Menschen, die vor allem mit Ankündigungen, Absichtserklärungen und Vorhaben glänzen, aber all dies niemals in die Tat umsetzen? Doch am Ende sind es immer die Ergebnisse, die zählen. Die Frage ist nie, was Sie gerne tun wollten, sondern, was Sie tatsächlich getan haben. Ein altes afrikanisches Sprichwort fasst dies schön zusammen: »Ich kann deine Worte nicht hören, deine Taten schreien so laut.« Hand aufs Herz: Wie häufig ist aus einer großartigen Idee nichts geworden, weil Sie zu lange gezögert haben? Wie häufig wollten Sie sich wirklich verändern, aber haben zu lange gewartet? Wie häufig wollten Sie wirklich neue Wege gehen, sind dann aber doch wieder in den Routinen des Alltags hängen geblieben?

> **Das große Geheimnis der Veränderung: Der perfekte Moment wird niemals kommen.**

Und schon sind wir bei dem wohl größten Dilemma, wenn es um Veränderung geht: Der Kunst, unsere Wünsche, Vorhaben und Ziele in konkrete Ergebnisse zu transformieren. Denn anstatt die Ärmel hochzukrempeln und Vollgas zu geben, verbringen die meisten ihre Zeit am liebsten mit der Planung. Sie sammeln Wissen, recherchieren im Internet, wägen Risiken ab, schmieden ausgetüftelte Pläne oder schwelgen in der guten alten Zeit. Sie warten so lange auf den perfekten Moment, dass Sie es verpassen, in die alles entscheidende Umsetzung zu kommen.

Doch ich will Ihnen ein großes Geheimnis verraten: Der perfekte Moment wird niemals kommen. Sie werden sich niemals optimal vorbereitet fühlen. Oder wie mein Großvater immer zu sagen pflegte: »Irgendwas ist ja immer.« Er war ein sehr kluger Kopf. Wir neigen alle manchmal dazu, lieber zu zögern, zu warten und weiter zu planen, statt ins Handeln zu kommen. Kommt Ihnen das bekannt vor? Dann möchte ich Ihnen das beste Tool vorstellen, das ich kenne, um Ergebnisse statt Ankündigungen sprechen zu lassen. Ich nenne es die 7-Sekunden-Regel.

Denn genauso groß ist das Zeitfenster, um bei jeder denkbaren Art von Idee, Impuls oder Vorhaben ins Handeln zu kommen. Wann immer Sie einen Impuls verspüren, etwas zu tun, zu sagen oder umzusetzen, ohne dass Sie es bewusst steuern können, läuft Ihr Kopfkino sieben Sekunden lang auf Hochtouren. Sie überlegen sich, was alles schiefgehen kann, welche schlechten Erfahrungen Sie in ähnlichen Situationen bereits gemacht haben oder warum es eigentlich doch keine so gute Idee ist. Sie wissen, wovon ich spreche, nicht wahr? Doch wenn Sie innerhalb dieser sieben Sekunden nicht ins Handeln gekommen sind, dann wird nichts passieren. Sie werden eine Ausrede finden, zögern und beginnen, sich das Abwarten schönzureden.

Ich würde mir daher wünschen, dass Sie eines nie mehr vergessen. Wann immer Sie ab heute einen Impuls verspüren, eine großartige Idee haben oder einen brillanten Plan in die Tat umsetzen wollen – Sie haben genau sieben Sekunden Zeit, um ins Handeln zu kommen. Irgendetwas zu tun. Es muss nichts Großes sein, viel wichtiger ist, dass Sie aktiv werden. Schreiben Sie eine Notiz, greifen Sie zum Telefonhörer oder sprechen Sie jemanden an. Nutzen Sie die 7-Sekunden-Regel, so oft es geht. Ihre Ergebnisse werden es Ihnen danken.

6. ALLES VERÄNDERT SICH, WENN SIE ES VERÄNDERN

Neulich wurde den Gästen während einer Talkshow eine spannende Frage gestellt: »Was ist für Sie die wichtigste Erfindung der Menschheitsgeschichte?« Die Antworten verwunderten mich nicht. So wurden u. a. das Rad, das Feuer, das Flugzeug, die Elektrizität, das Internet oder der Buchdruck genannt. Die Frage ließ mich nicht mehr los. Nach langem Überlegen wusste ich plötzlich, wie meine Antwort lauten würde: Musik. Ich könnte ohne Strom, ohne Flugzeuge und auch ohne Internet leben. Es wäre zwar mit enormen Einschränkungen verbunden, aber es würde gehen. Aber ohne Musik? Das kann und will ich mir nicht vorstellen. Nichts anderes kann die komplette Klaviatur der Emotionen so intensiv bedienen. Wir hören Musik, wenn wir traurig sind, Energie brauchen oder uns konzentrieren wollen. Musik lässt niemanden kalt. Sie berührt jeden. Sie verändert.

Und weil das so ist, begleitet mich die Musik schon mein gesamtes Leben lang. Als Kind habe ich stundenlang mit dem Kassettenrekorder vor dem Radio gesessen und gehofft, meine Lieblingssongs der NDR 2 Hitparade aufnehmen zu können. Nur um bitterböse enttäuscht zu werden, weil der Moderator immer mitten in die Songs reinquatschte. Mit dreizehn kaufte ich mir meine erste LP: *Bon Jovi – Slippery When Wet*. Später stieg ich auf CDs um, digitalisierte diese irgendwann für iTunes, und heute schwöre ich auf die scheinbar unendliche Musiksammlung von Spotify.

Auch wenn ich vom Herzen her auf Blues und Rock stehe, so war ich immer offen für andere Stilrichtungen. Meine Lieblingslieder kamen und gingen über die Jahre. Doch bis heute gibt es auch Songs, die ich immer wieder höre und die mich sehr geprägt haben. Einer davon ist von der Berliner Band *Ton Steine Scherben*. Das mag manchen vielleicht erstaunen, doch diese Musik und besonders die Stimme von Rio Reiser haben mich schon immer in ihren Bann gezogen.

Ohne Verantwortung keine Veränderung. Und alles verändert sich, wenn du es veränderst.

Und die *Scherben* haben einen Song geschrieben, der das gesamte Themenspektrum von Changemanagement in einem einzigen Refrain zusammenfasst: »Es gibt keine Liebe, wenn wir sie nicht wollen. Es gibt keine Sonne, wenn wir sie nicht sehen. Es gibt keine Wahrheit, wenn wir sie nicht suchen. Es gibt keinen Frieden, wenn wir ihn nicht wollen. Alles verändert sich, wenn du es veränderst.«

Diese Worte fassen für mich das Wesen der Veränderung perfekt zusammen. Ohne Verantwortung kann keine Veränderung stattfinden. Veränderung beginnt immer in uns. Wenn wir uns verändern, dann verändert sich alles.

7. WEIL ICH ES KANN

Veränderungen sind das Salz in der manchmal trüben Suppe des Lebens. Doch damit der Alltag so bunt, abwechslungsreich und intensiv wie möglich wird, ist es notwendig, sich aktiv zu verändern und die Zukunft nach den eigenen Bedürfnissen zu gestalten. Wenn es eines gibt, was ich im Lauf der letzten Jahre gelernt habe, dann das: Wer produktiv tätig ist, nutzbringende Werte schafft und als Vorbild in seinem persönlichen Umfeld Verantwortung übernimmt, erfährt eine überdurchschnittliche Erfüllung und Zufriedenheit im Leben.

So weit, so gut. Da sollte man doch meinen, dass die Menschen es gar nicht abwarten können, endlich die Ärmel hochzukrempeln und die notwendigen Veränderungen in der Gesellschaft, in der Firma und im sozialen Umfeld anzugehen, oder? Doch wenn Sie mit offenen Ohren durchs Leben gehen, werden Sie häufig solche Statements hören: »Warum sollte ausgerechnet ich anderen Menschen helfen?«, »Warum sollte ich etwas verändern, wenn meine Kollegen immer nur passiv abwarten?« oder »Warum sollte ich Verantwortung übernehmen, wenn es mir sowieso keiner dankt?«. Kommt Ihnen das bekannt vor? Haben Sie möglicherweise selbst schon einmal solche Zweifel gehabt?

Nichts beschreibt das Lebensgefühl der persönlichen Freiheit so gut wie: »Weil ich es kann!«

Es gibt eine ganz einfache Antwort auf diese Fragen. Sie besteht aus vier Wörtern und ist für mich inzwischen zu einem wahren Mantra geworden: »Weil ich es kann.« Nichts, wirklich gar nichts beschreibt das Lebensgefühl der persönlichen Freiheit so gut wie diese Aussage: »Weil ich es kann.« Nicht weil ich es muss. Nicht weil andere es von mir verlangen. Und auch nicht, weil ich etwas im Gegenzug dafür erwarte. Schlicht und einfach, weil ich es kann. Das ist Verantwortung. Das ist unternehmerisches Denken. Das ist Selbstbestimmung.

Weil ich es kann. Sobald Sie diese vier Worte das erste Mal laut ausgesprochen haben, werden Sie feststellen, welch befreiendes Gefühl in Ihnen aufsteigt. Wie Sie sich von äußeren Zwängen lösen und Ihre Taten auf einmal mehr Bedeutung erlangen. Sie haben Zweifel? Probieren Sie es in so vielen Bereichen wie möglich aus. »Warum sollte ich dem Obdachlosen in der Fußgängerzone einen Euro spenden?« »Weil ich es kann.« »Warum sollte ich das Ehrenamt übernehmen, auch wenn es einen enormen Arbeitsaufwand für mich bedeutet?« »Weil ich es kann.« »Warum sollte ich meine Mitarbeiter wertschätzend und freundlich behandeln, auch wenn alle anderen Unternehmer sagen, dass ich hart sein sollte?« »Weil ich es kann.«

Wie häufig tun wir etwas, weil wir das Gefühl haben, es tun zu müssen? Und gleichzeitig zögern wir, obwohl es so viele Gelegenheiten gibt, Dinge einfach deshalb zu tun, weil wir es können. Schließen möchte ich daher mit den Worten der Kölner Band *Höhner*: »Wenn nicht jetzt, wann dann? Wenn nicht hier, sag mir, wo und wann? Wenn nicht du, wer sonst? Es wird Zeit, nimm dein Glück selbst in die Hand.«

Sie fragen sich, warum Sie das tun sollten? Ganz einfach: Weil Sie es können.

8. DAS BUSINESS DER BEZIEHUNGEN

Wir Menschen lieben Schubladen. Wir kategorisieren gerne andere, und noch viel lieber uns selbst. Beweis gefällig? Schlagen Sie eine beliebige Lifestyle-Zeitschrift auf und Sie werden Tests für jeden denkbaren Lebensbereich finden. Auch im Business nimmt das Schubladendenken immer mehr zu. Um Ihre Mitarbeiter, Kollegen und Kunden zu analysieren, gibt es DISG, Myers Briggs oder Reiss Profile. Und wenn Sie dann wissen, zu welchem Typ Ihre Mitmenschen gehören, geht die Unterteilung noch weiter. Man unterscheidet zwischen B2B (Business-to-Business) und B2C (Business-to-Consumer).

Natürlich haben all diese Tools ihre Berechtigung und können bei sinnvollem Einsatz sehr wertvolle Instrumente für jedes Unternehmen sein. Doch habe ich manchmal das Gefühl, dass wir die einfachen Dinge viel zu kompliziert machen. Denn unterm Strich spielt es kaum eine Rolle, ob ich als Unternehmer Geschäfte mit einem anderen Unternehmer mache oder ob ich mein Angebot an den Endverbraucher richte. Letztendlich ist jedes Business immer H2H. Human-to-Human. Ein Geschäft zwischen zwei Menschen. Je besser es Ihnen gelingt, von Respekt, Vertrauen und Interesse geprägte Beziehungen zu Ihren Kunden, Mitarbeitern und Geschäftspartnern aufzubauen, desto erfolgreicher werden Sie sein.

Der Erfolg Ihres Business hängt von der Qualität Ihrer Beziehungen ab. Weil das so ist, werden die besten Geschäfte auch beim gemeinsamen Essen, auf dem Weg zu einem Termin oder am Tresen gemacht.

Ich will Ihnen ein Beispiel geben. Von einer Werbegemeinschaft wurde ich für einen Vortrag in einer kleinen Stadt in Süddeutschland gebucht. Nachmittags begrüßte mich der Geschäftsführer Herr Schmidt und teilte mir seine Erwartungen für den Rest des Tages mit. Es folgten mein Vortrag und eine Signierstunde mit viel Smalltalk. Immer war Herr Schmidt an meiner Seite. Er stellte mich den Mitgliedern vor, bat mich um ein Buch für seine Frau und berichtete über die Marketingaktivitäten der Stadt.

Nachdem die letzten Gäste gegangen waren, lud er mich noch zu einem Absacker in seine Stammkneipe ein. Wir tranken ein Bier und als Abschluss des gelungenen Tages einen Obstler. Diesem folgten kurz darauf Nummer zwei und drei. Aus Herrn Schmidt wurde Dieter. Wir plauderten über Gott und die Welt und unsere gemeinsame Leidenschaft, das Golfspiel. Als Dieter dann den vierten Obstler auf den Tresen stellte, grinste er übers ganze Gesicht und sagte: »So, Ilja. Dann lass uns mal übers Business reden!«

> **Der Erfolg Ihres Business hängt von der Qualität Ihrer Beziehungen ab.**

Seit diesem schönen Abend in der Kneipe haben wir das eine oder andere Geschäft miteinander gemacht. Doch der Grund hierfür war nicht meine Kompetenz, mein Fachwissen oder mein professioneller Auftritt. Das hatte Dieter Schmidt ganz einfach vorausgesetzt, weil es eine Selbstverständlichkeit ist. Nein, es war einzig die persönliche Beziehung, die den Ausschlag gegeben hat. Weil Menschen eben zuallererst Geschäfte mit anderen Menschen machen. Weil wir im Zeitalter der Beziehungen leben. Weil das beste Business am Tresen gemacht wird. Und je mehr Sie sich trauen, Ihre menschliche Seite zu zeigen, desto erfolgreicher wird Ihr Business werden.

9. EIN LEBEN, DAS DIESEN NAMEN AUCH VERDIENT

Ich sitze in München am Flughafen und warte darauf, endlich nach Hause fliegen zu können. Der letzte Termin dieses Jahres liegt hinter mir und ich freue mich auf die ruhige und entspannte Weihnachtszeit im Kreise meiner Familie. Während ich diese Zeilen schreibe, ist die Atmosphäre um mich herum von Hektik geprägt. Menschen hetzen durch die Gänge, schreien aufgeregt in ihre Mobiltelefone und stopfen sich auf dem Weg zum Gate ein Salami-Sandwich in den Mund. Das Treiben fasziniert mich. Gleichzeitig zeigt es mir aber auch wieder einmal sehr deutlich, wie sehr wir oftmals nur noch funktionieren, anstatt unser Leben in vollen Zügen zu genießen. Es im wahrsten Sinn des Wortes zu leben.

Und ich frage mich, wann wir es eigentlich verlernt haben, unsere alltäglichen Gewohnheiten zu hinterfragen. Es kommt mir absurd vor, wenn Menschen mit ihrem brandneuen Porsche ins Fitnessstudio fahren, dort den Aufzug in den dritten Stock nehmen, nur um dann eine Dreiviertelstunde auf dem Stepper zu trainieren.

Warum tun wir so etwas? Warum kaufen wir uns Dinge, die wir uns eigentlich nicht leisten können, nur um damit Menschen zu beeindrucken, denen wir vollkommen egal sind? Warum schleppen wir uns jahrelang in ein graues Büro, nur um dann acht Stunden lang einen Job auszuüben, den wir nicht mögen und manchmal sogar richtig hassen? Warum richten wir uns so häufig an den Erwartungen anderer aus, wenn wir doch von etwas ganz anderem träumen?

Und oftmals ist es dann ein Schicksalsschlag, ein katastrophales externes Ereignis oder eine Krise, die uns daran erinnert, was wirklich zählt im Leben. Doch so weit muss es gar nicht erst kommen. Der irische Dramatiker George Bernhard Shaw sagte einmal: »Im Leben geht es nicht darum, uns zu finden, sondern uns zu erschaffen.«

Ja, wir haben jeden einzelnen Tag aufs Neue die Möglichkeit, exakt das Leben zu führen, das wir gerne führen würden. Unsere Karrieren, Beziehungen und Jobs nach unseren Erwartungen auszurichten. Es geht niemals darum, dem Leben mehr Zeit zu geben, sondern der Zeit mehr Leben. Mehr Bedeutung. Mehr Intensität. Sobald wir beginnen, auch die kleinen Alltagsmomente mit Sinn zu füllen, führen wir auf einmal ein Leben, das diese Bezeichnung auch wirklich verdient. Wir tauschen das triste Roboterdasein gegen Erfüllung, Zufriedenheit und viele magische Momente ein. Das Einzige, was es dafür bedarf, ist eine Entscheidung.

Wofür entscheiden Sie sich?

> **Es geht nicht darum, dem Leben mehr Zeit zu geben, sondern der Zeit mehr Leben.**

10. WEG MIT DEN ENERGIE-VAMPIREN

Von dem Bestsellerautor Jim Rohn stammt die Aussage: »Du bist der Durchschnitt der fünf Menschen, mit denen du deine meiste Zeit verbringst.« Das gilt übrigens für sämtliche Lebensbereiche: Geld, Erfolg, Gesundheit, Beziehungen. Auch für Ihre grundsätzliche Zufriedenheit. Machen Sie ruhig einmal die Probe aufs Exempel und schauen Sie sich an, wie es um Ihren Inner Circle bestellt ist, mit welchen fünf Menschen Sie also die meiste Zeit verbringen. Wie gesund, erfolgreich und zufrieden sind diese? Ganz einfach wird es bei den Finanzen: Nehmen Sie Ihre fünf engsten Vertrauten und addieren Sie die jeweiligen Einkommen. Dann dividieren Sie die Summe durch fünf. Sie dürften ziemlich genau Ihren jetzigen Verdienst erhalten. Erstaunlich nah an der Realität, oder?

> **Sie sind der Durchschnitt der fünf Menschen, mit denen Sie Ihre meiste Zeit verbringen.**

Nichts ist daher so wichtig, wie diesen Inner Circle einer intensiven Analyse zu unterziehen und die Menschen, mit denen Sie die meiste Zeit verbringen, sehr bewusst, ja fast schon radikal auszuwählen. Denn Hand aufs Herz, wie sieht es aktuell bei Ihnen aus? Sind Sie mit Leuten umgeben, die Sie so akzeptieren, wie Sie sind, und Sie auf dem Weg zu Ihren Zielen, Träumen und Visionen unterstützen?

Wenn dies so ist, können Sie sich sehr glücklich schätzen. Viel wahrscheinlicher ist es jedoch, dass Sie in Ihrem Umfeld vor allem folgende

Zeitgenossen finden werden: Nörgler, Bremser, Miesepeter und Energievampire. Menschen, die auf der Suche nach dem einzelnen Haar in der Suppe sind, Ihnen vorschreiben wollen, wie Sie zu leben haben, und Ihnen Kraft, Mut und Energie absaugen, wie es ein ganzer Schwarm hungriger Moskitos nicht besser könnte.

Wie es für jeden Fußballtrainer eine Selbstverständlichkeit ist, seine Elf vor der Saison so perfekt zusammenzustellen, dass die Saisonziele bestmöglich erreicht werden können, so sollten auch Sie Ihr Team, Ihren Inner Circle, ganz bewusst auswählen. Denn nichts hat eine so große Auswirkung auf Ihre Motivation, Ihre Einstellung und Ihre Denkweise wie die Menschen um Sie herum. Feuern Sie die negativen Menschen, Besserwisser und Zyniker aus Ihrem Leben. Umgeben Sie sich stattdessen mit Möglichkeitsdenkern, Machern und Alltagsabenteurern, die Sie beim Erreichen Ihrer Ziele unterstützen. Natürlich ist das nicht immer ganz einfach, aber unbedingt notwendig, wenn Sie ein selbstbestimmtes, erfülltes und zufriedenes Leben führen wollen.

Denken Sie daher immer daran: Sie werden so wie der Durchschnitt der fünf Menschen, mit denen Sie die meiste Zeit verbringen. Wählen Sie daher weise und schenken Sie Ihre Zeit, Energie und Kraft nur den Menschen, die es wirklich verdient haben.

11. DIE MAUERN IM KOPF

Es gibt Sätze, die der Tod jeder Motivation, jeder Veränderung und jeder Entwicklung sind: »Ich sollte mal wieder ...«, »Man müsste eigentlich mal ...« oder auch »Ich wünschte, ich könnte ...«. Schon mal gehört? Vielleicht schon häufiger mal gesagt? Es bricht mir immer wieder das Herz, wenn Menschen ihre Vorhaben nicht umsetzen, ihre Ziele nicht erreichen und ihre Träume nicht leben, weil sie sich selbst im Weg stehen. Und das ist das Tragische daran: Es sind so gut wie nie die äußeren Umstände, mangelndes Wissen oder fehlende Kompetenzen.

Nein, ganz im Gegenteil. Wenn wir scheitern, dann aufgrund der Mauern in unserem Kopf. Der Grenzen, die wir uns selbst setzen, die wir freiwillig als gegeben akzeptieren. Es ist wie bei Flöhen, die man in ein Marmeladenglas setzt. Ihrem natürlichen Instinkt folgend, springen sie, so hoch sie können. Das wäre in diesem Fall also bis an den Deckel des Glases. Wenn Sie diesen nach einer gewissen Zeit entfernen, passiert etwas Erstaunliches. Die Flöhe springen nicht etwa aus dem Glas heraus, sondern exakt bis zu der Höhe, auf der bis vor Kurzem noch die Begrenzung in Form des Deckels war. Denn auch wenn die Mauern in der Außenwelt entfernt werden, bleiben sie doch in den Köpfen bestehen.

Die Ängste, denen wir uns nicht stellen, werden zu Mauern in unserem Kopf.

»Okay, Ilja«, werden Sie jetzt vielleicht einwenden, »das mag ja vielleicht für Flöhe gelten, aber wir Menschen sind ja wohl wesentlich weiter entwickelt.« Glauben Sie mir: Nichts würde ich mir mehr wünschen. Doch wenn unsere Träume platzen, dann immer deshalb, weil wir es nicht wagen, die Mauern in unserem Kopf zu überwinden. Lieber arrangieren wir uns mit dem ungeliebten Status quo, anstatt den Schritt ins Unbekannte zu wagen. Aus Angst vor dem Neuen reden wir uns das Alte schön, passen uns an und flüchten uns in Ausreden.

Die Ängste, denen wir uns nicht stellen, werden zu Mauern in unserem Kopf. Die Zweifel, denen wir nachgeben, werden zu Zäunen, die diese Mauern verstärken und immer weniger überwindbar machen. Ein Teufelskreis entsteht, der unser Potenzial einschränkt, uns unzufrieden macht und – wie Henry David Thoreau es so anschaulich formulierte – ein Leben in stiller Verzweiflung führen lässt.

Lassen Sie das bitte niemals zu. Stellen Sie sich den Herausforderungen des Lebens und durchbrechen Sie die Mauern in Ihrem Kopf. Wann immer Sie zweifeln, unsicher sind oder sogar Angst vor einer Veränderung haben, erinnern Sie sich an die Worte des amerikanischen Präsidenten Ronald Reagan, der am 12. Juni 1987 vor dem Brandenburger Tor sagte: »Tear down this wall!« Denn so wie die Mauern aus Stein eingerissen werden können, so können Sie auch die Grenzen in Ihrem Kopf überwinden. Werden Sie zu Ihrem eigenen Mauerspecht. Sie sind es Ihren Zielen und Träumen schuldig.

12. DIE CHANGE-DNA

Ich erinnere mich noch genau. Wir saßen in unserem hellen Besprechungsraum über den Dächern Berlins und mein Abteilungsleiter aus der Herrenoberbekleidung, Herr Kubielka (was nicht sein richtiger Name ist), sah mich mit hoffnungsvollen Augen an. Dann räusperte er sich kurz und sagte: »Okay, Herr Grzeskowitz. Ich sehe es ein. Der Veränderungsprozess der letzten Monate war notwendig. Aber da wir nun damit fertig sind – können wir nun endlich wieder zur Normalität zurückkehren?«

Dieses Erlebnis ist mittlerweile viele Jahre her und ich war zur damaligen Zeit noch Geschäftsführer bei Karstadt. Sie können sich gar nicht vorstellen, wie häufig ich diese Frage in den unterschiedlichsten Varianten seitdem wieder und wieder gehört habe: »Wann wird es endlich wieder normal?«

Die dahinterliegende Vorstellung ist recht einfach und orientiert sich an den Change-Ansätzen der 1970er- und 1980er-Jahre. Damals gab es einen Normalzustand und alle drei bis fünf Jahre einen Veränderungsprozess, der dann für eine Weile wieder zu einer neuen Normalität führte. Doch diese Herangehensweise ist ein Relikt der Geschichte, denn die permanente Veränderung ist schon längst die neue Normalität geworden. Alles verändert sich ständig. Change hat heute weder Anfang noch Ende.

Und daraus ergibt sich eine wichtige Schlussfolgerung: Der Umgang mit Veränderung ist schon lange kein Prozess mehr. Change ist viel mehr. Sie ist eine Haltung, die Einstellung jedes einzelnen Mitarbeiters, sie betrifft die gesamte Firmenkultur. Diese Change-DNA ist von Offenheit, innovativem Vorwärtsdenken und dem Mut zu neuen Wegen gekennzeichnet. Die Menschen in einem Unternehmen denken, entscheiden und handeln, indem sie sich für verschiedene Möglichkeiten öffnen. Je mehr sich das Change-Gen verbreitet, desto mehr liegt der Fokus auf Lösungen und nicht länger auf Problemen.

Aus diesem Grund ist Changemanagement auch niemals ein temporäres Projekt oder eine kurzfristige Initiative. Nein, bis jeder einzelne Mitarbeiter die Change-DNA verinnerlicht hat, dauert es. Eine Kultur der Veränderung entsteht nicht von heute auf morgen. Wenn Sie aber erst einmal etabliert ist, macht sie den entscheidenden Wettbewerbsvorteil aus. Kultivieren Sie diese Haltung und pflanzen Sie den Menschen in Ihrem Umfeld die Change-DNA ein. Beim erfolgreichsten Fußballklub Deutschlands, dem FC Bayern München, lautet sie: »Mia san mia!« Wie heißt Sie in Ihrem Unternehmen?

**Change
is the new normal.**

13. SEIEN SIE IHR EIGENER HELD (UND DER IHRER KINDER)

Darf ich Sie etwas fragen? Hatten Sie als Kind auch einen Lieblingshelden? Meiner war der von Lee Majors gespielte Stuntman und Privatdetektiv Colt Seavers. Weil er immer für das Gute kämpfte, stets einen lockeren Spruch auf Lager hatte und der Damenwelt reihenweise den Kopf verdrehte.

Mittlerweile habe ich selber zwei wundervolle Kinder, und auch Emma und Elisabeth haben ihre Helden. Natürlich, bei ihnen sind es keine raubeinigen Actionstars, sondern Bibi Blocksberg und Checker Tobi vom Kinderkanal. Aber eines haben sämtliche Helden aller Epochen gemeinsam. Es sind ganz normale Menschen (okay, im Falle von Bibi Blocksberg eine ganz normale Zeichentrickfigur), die in den Momenten, in denen es darauf ankommt, über sich hinauswachsen und außergewöhnliche Leistungen vollbringen.

Hand aufs Herz – wünschen wir uns nicht alle dann und wann, dass uns ein wagemutiger Held aus einer verzwickten Alltagssituation rettet? Träumen wir nicht davon, dass Clark Kent zu Superman wird und für uns das schwierige Mitarbeitergespräch führt? Dass Bruce Wayne in die Rolle des Batman schlüpft und diese eine wichtige Entscheidung für unser Unternehmen trifft? Dass Colt Seavers mit seinem GMS Sierra Grande angebraust kommt und für uns die hübsche Blondine an der Bar anspricht?

Glauben Sie mir, ich kenne diese heimlichen Wünsche nur zu gut. Doch leider habe ich mehr als einmal feststellen müssen, dass Superman, Batman und auch Colt Seavers den Sprung aus dem Fernseher in meine Welt nicht schaffen.

Gleichzeitig habe ich aber etwas anderes, viel Wichtigeres erfahren und ich möchte diese Erkenntnis gerne mit Ihnen teilen. In jedem einzelnen Menschen steckt das Potenzial, über sich hinauszuwachsen und außergewöhnliche Leistungen zu vollbringen. In jedem von uns steckt ein Held. Wenn wir nur mutig genug sind, diesen Teil unserer Persönlichkeit an die Oberfläche kommen zu lassen.

In jedem von uns steckt ein Held – wenn wir ihn an die Oberfläche kommen lassen.

Ich möchte Ihnen daher zurufen: Seien Sie mutig. Trauen Sie sich, ein Held zu sein. Der Held Ihrer Kinder. Der Held Ihrer Kunden, Mitarbeiter und Geschäftspartner. Ganz besonders aber würde ich mich freuen, wenn Sie Ihr eigener Held werden. Sie brauchen dazu weder ein rotes Cape noch eine Fledermausausrüstung noch einen alten Pick-up-Truck. Alle Superkräfte, die Sie benötigen, befinden sich bereits in Ihnen. Sie lechzen danach, von Ihnen genutzt und eingesetzt zu werden. Warten Sie nicht auf ein Zeichen von außen. Be your own hero!

14. RÜM HART, KLAAR KIMMING

Ich bin in Schleswig-Holstein geboren. Dem Land zwischen Nord- und Ostsee. Dort, wo einem der kalte Ostwind direkt ins Gesicht bläst und Ebbe und Flut genauso zum Alltag gehören wie Fisch direkt vom Kutter und der plattdeutsche Klönschnack am Gartenzaun. Auch wenn ich schon seit vielen Jahren in meiner Wahlheimat Berlin lebe, so wird der nördlichste Teil Deutschlands immer das eigentliche Zuhause für mich bleiben. Weil ich die raue Landschaft, die Weite des Meeres und die oft erst auf den zweiten Blick zum Vorschein kommende Herzlichkeit der Menschen ganz einfach ins Herz geschlossen habe.

> Unternehmenslenkern mit großem Herzen und weitem Horizont wird die Zukunft gehören.

Ganz besonders geprägt hat mich ein Wahlspruch, der mir schon seit vielen Jahren als eine Art Lebensmotto dient. Er wird den friesischen Kapitänen zugesprochen, die ihre Schiffe durch schwere Stürme, raue Meere und hohe Wellen steuern mussten. Er lautet: »rüm hart, klaar kimming«, und bedeutet so viel wie »weites Herz, klarer Horizont«. Denn ist es nicht genau das, was wir in unseren Familien, bei geschäftlichen Entscheidungen, ja im ganzen Leben am meisten brauchen? Auf der einen Seite Großzügigkeit, Toleranz und Wärme im Umgang mit den Menschen um uns herum. Und auf der anderen Seite eine klare Vision, den Blick über den Tellerrand und den permanenten Wunsch, neue Erfahrungen zu machen.

Rüm hart, klaar kimming. Nirgendwo ist dies so notwendig wie im Business. Denn die Zeiten sind längst vorbei, in denen man mit

Ellbogeneinsatz, mit einer Führung durch Angst und Druck und unternehmerischem Mangeldenken Erfolg haben konnte. Auch mit Abteilungsegoismus, Veränderungsresistenz und einer bequemen »Weiter so«-Strategie ist heute kein Blumentopf mehr zu gewinnen.

Nein, die Zukunft gehört den Unternehmern mit großem Herzen und einem weiten Horizont. Die innovativ denken und mutig handeln. Die sich nicht auf den Erfolgen der Vergangenheit ausruhen, sondern rechtzeitig die Segel zu neuen Märkten setzen. Die andere Denkweisen, Menschen und Kulturen nicht als Bedrohung ansehen, sondern als großartige Chance, noch besser zu werden, zu wachsen und die eigenen Ziele zu erreichen. Die sich in Ihre Mitarbeiter, Kunden und Geschäftspartner hineinversetzen können, ihnen zuhören und jederzeit für sie da sind. Die geben, geben und nochmals geben. Und erst danach ans Nehmen denken.

Denn wir leben in Zeiten, in denen die Stürme schwerer, die Meere rauer und die Wellen höher werden. Doch schon immer gab es mutige Menschen, denen diese schwierigen Rahmenbedingungen nichts ausgemacht haben. Die trotzdem ihre Segel gesetzt haben und auf die bedingungslose Unterstützung ihrer Mannschaft vertrauen konnten. Die einen einfachen Wahlspruch als Mantra ihres täglichen Handelns erkoren hatten: Rüm hart, klaar kimming.

15. *KISS*-MARKETING

Wenn Sie schon einmal einen meiner öffentlichen Vorträge besucht haben, dann kennen Sie meine Intro-Musik. Es ist das Anfangsriff von *Detroit Rock City* der amerikanischen Band *KISS*. Ich spiele diesen Song aus zwei Gründen. Zum einen gibt er mir sofort einen Energiekick. Innerhalb von Sekunden ist mein Körper auf Betriebstemperatur und jede einzelne Zelle auf Vollgas eingestellt. Es gibt aber noch einen anderen, viel wichtigeren Punkt. Diese kurze Melodie erinnert mich an die großartige Geschichte und die einmalige Marketingstrategie der Band. Von *KISS* und vor allem Frontmann Gene Simmons können Sie nämlich eine Menge für Ihr tägliches Business lernen.

Der Bassist mit der charakteristischen Zunge immigrierte als Kind aus Israel und lernte sehr schnell, dass es aus dem Teufelskreis von Armut, geringen Sprachkenntnissen und Ausländerfeindlichkeit nur einen einzigen Ausweg gab: die Kombination aus mutigen Ideen, harter Arbeit und einer einzigartigen Positionierung. Heute zählt *KISS* mit über hundert Millionen verkaufter Alben zu den erfolgreichsten Bands der Geschichte, gilt als *die* Live-Band schlechthin und verwaltet ein riesiges Merchandising-Imperium. Dies ist kein Zufall, denn Gene Simmons wusste von Anfang an, dass er mit »business as usual« in den 1970er-Jahren keinen Erfolg haben würde. Um sich von der Masse der Rockbands abzuheben, kreierte er für jeden Musiker eine Kunstfigur mit entsprechendem Outfit und passender Maske. Der Grundstein für die *KISS*-Nation war gelegt.

In den Jahren danach überließ Simmons dann nichts dem Zufall und kümmerte sich um jedes einzelne Detail selbst. Während andere

Musiker ihre Verdienste in Sex, Drugs und Partys investierten, war der *KISS*-Frontmann der eigene Bandmanager und baute Schritt für Schritt das Business-Imperium auf, das wir heute bewundern können. Ich empfehle Ihnen sehr die Lektüre von *Me Inc.*, der Autobiographie von Gene Simmons, in der er detaillierte Einblicke in seine Marketingphilosophie und die Geschichte von *KISS* gibt. Für den Moment möchte ich mich auf die drei wichtigsten Faktoren beschränken, die Sie adaptieren und für Ihr tägliches Business nutzen sollten:

> **Die drei Faktoren des *KISS*-Marketings: Groß denken. Mutig entscheiden. Hart arbeiten.**

1. Denken Sie groß und haben Sie eine klare Vision.
2. Erklären Sie die Strategie und die wichtigsten Entscheidungen Ihres Unternehmens zur Chefsache.
3. Arbeiten Sie hart, geben Sie immer Vollgas und trauen Sie sich, Ihre Einzigartigkeit zu leben.

Und um Sie daran zu erinnern, was aus einer großen Vision werden kann, wenn man diese drei Faktoren berücksichtigt, möchte ich mit der berühmten Ansage schließen, die seit dem allerersten Tag der Band bis heute vor jedem *KISS*-Konzert zu hören ist: »You wanted the best. You got the best. The hottest band in the world: *KISS*!«

16. VERÄNDERUNG VERLANGT VERANTWORTUNG

Kommen wir zu meinem Lieblingsthema. Der Verantwortung. Genauer gesagt, der Selbstverantwortung. Denn um für andere da sein zu können, muss ich zuerst einmal für meine eigenen Ideen, Entscheidungen und Taten geradestehen. Für die Erfolge, aber natürlich auch für die Dinge, die nicht so gut gelaufen sind. Doch die Realität sieht leider anders aus. An nichts scheitern Menschen so sehr wie an der mangelnden Fähigkeit, Verantwortung zu übernehmen. Stattdessen flüchtet man sich in Ausreden, beschwert sich über die äußeren Umstände und gibt dem Chef, den Kollegen oder den Kunden die Schuld. Doch diese Fluchtstrategie führt auf direktem Wege in die Opferrolle, in die Unzufriedenheit und damit in den Misserfolg.

Machen Sie sich daher so oft wie möglich klar: Sie können die äußeren Umstände und die Menschen um sie herum niemals ändern. Aber Sie haben immer die Wahl, wie Sie darauf reagieren. Oder um es noch deutlicher zu formulieren: Der einzige Mensch, über dessen Verhalten Sie zu einhundert Prozent die volle Kontrolle haben, schaut Sie jeden Morgen mehr oder weniger freundlich im Spiegel an.

> Sie können die äußeren Umstände nicht ändern, haben aber die Wahl, wie Sie darauf reagieren.

Und genau in diesen sollten Sie jetzt in diesem Moment blicken (ja, tun Sie das wirklich, es sieht Sie ja niemand) und Folgendes so emotional wie möglich formulieren: »Egal, an welchem Punkt ich in meinem Leben stehe. Egal, wie zufrieden ich mit meinen Ergebnissen im Business, in meinen Beziehungen, meinen Finanzen und meiner persönlichen Entwicklung auch bin, es liegt alles nur an mir. Ich bin verantwortlich. Nicht die Gesellschaft, nicht die Menschen in meiner Firma, nicht die wirtschaftliche Lage und auch nicht meine Mutti. Ich war es. Es waren meine Ideen, meine Entscheidungen und meine Taten. Und auch nur ich kann etwas daran ändern.«

War das etwas zu hart? Wenn ja, dann sollten Sie sich über diesen Weckruf freuen, denn wie der Vogel Strauß den Kopf in den Sand zu stecken, hat noch niemals zu einer Veränderung geführt. Geben Sie sich selbst Ihr Wort, ab sofort immer (und ich meine tatsächlich immer, ohne jede Ausnahme) die Verantwortung zu übernehmen. Besonders dann, wenn Ihnen der Wind etwas heftiger ins Gesicht bläst.

Sie haben einen Fehler gemacht? Übernehmen Sie Verantwortung, sagen Sie Entschuldigung und bügeln Sie ihn aus.

Sie haben eine falsche Entscheidung getroffen? Wunderbar, immerhin haben Sie entschieden. Übernehmen Sie Verantwortung und korrigieren Sie Ihre Wahl.

Ihr Unternehmen lief in diesem Jahr nicht besonders gut? Übernehmen Sie Verantwortung und handeln Sie so, dass es in den nächsten zwölf Monaten besser wird.

Sie werden feststellen, dass Sie plötzlich eine ganz andere Wirkung auf Ihre Mitmenschen haben. Weil Sie Selbstsicherheit und Klarheit ausstrahlen. Weil Sie den wichtigsten Wert der Veränderung tagtäglich leben: die Verantwortung.

17. VERBRENNEN SIE IHRE BOOTE

Die großartigsten Leistungen vollbringen wir immer dann, wenn wir uns zu hundert Prozent committen, auf eine Sache einlassen und eine echte Entscheidung treffen. Ist es nicht so? Es gibt eine wunderbare Geschichte, die diesen Zusammenhang treffend auf den Punkt bringt. Sie wurde schon Sun Tzu, Hernando Cortés oder auch Alexander dem Großen zugeschrieben. Wer auch immer es war, man erzählt sich Folgendes: Ein großer Heerführer landete mit seiner Armee an der Küste des Feindes. Die eigene Armee war zahlenmäßig hoffnungslos unterlegen, das Gelände unübersichtlich und das Wetter schlecht. Und dann geschah das Erstaunliche. Trotz der fehlenden Aussicht auf einen Sieg gab der große Heerführer einen einzigen Befehl: »Verbrennt unsere Boote!«

Wow. Ich weiß nicht, wie es Ihnen geht, aber ich bekomme Gänsehaut, wenn ich über die Auswirkungen dieses Satzes nachdenke. Weil diese drei Wörter nur eine einzige Konsequenz nach sich ziehen: Wir werden entweder siegen oder wir werden sterben!

Ich würde mir wünschen, dass wir alle diese einfache Entscheidungsstrategie auch viel öfter in unserem Alltag anwenden würden. Doch schauen Sie sich um. Anstatt unsere ganz persönlichen Boote zu verbrennen, halten wir uns viel lieber sämtliche Optionen offen, wollen uns nicht festlegen und eiern herum. Wir wollen das eine, ohne das andere aufgeben zu müssen. Wir wollen die Freiheit des eigenen Unternehmens, ohne die (vermeintliche) Sicherheit eines festen Jobs aufgeben zu müssen. Wir wollen den Spaß mit der Geliebten, ohne die Bequemlichkeit der festen Partnerschaft verlassen zu müssen. Wir wollen einen durchtrainierten Körper, ohne auf unseren täglichen Besuch bei McDonald's verzichten zu müssen.

Kommt Ihnen das bekannt vor? Wann immer Sie in Zukunft etwas mit Haut und Haaren begehren, etwas Außergewöhnliches erreichen, etwas Besonderes schaffen wollen, sollten Sie Ihre eigenen Boote verbrennen. Sich keine Rückzugsmöglichkeit, keine Option, keine Ausrede offenlassen.

> **Nichts hat eine solche Kraft wie ein eindeutiger Fokus und hundertprozentiges Commitment.**

Nichts hat eine solche Kraft wie ein eindeutiger Fokus, eine echte Entscheidung und hundertprozentiges Commitment. Stellen Sie sich nur einmal vor, was Sie alles erreichen könnten, wenn Rückzug einfach keine Option wäre! Wie sehr würden Sie sich anstrengen, wie groß träumen und wie hart arbeiten? Im Business und im Leben werden immer diejenigen belohnt, die kalkulierte Risiken eingehen, mutige Entscheidungen treffen und mit Vollgas an der Erfüllung ihrer Träume arbeiten.

Das Schicksal belohnt die Wagemutigen. Trauen Sie sich, Ihre Boote zu verbrennen.

18. AUFGEBEN IST KEINE OPTION

Mit achtzehn Jahren träumte ich von einem VW Golf. Ich gebe zu, dass sich dieser Wunsch heute nicht besonders außergewöhnlich anhört, aber damals gab es für mich nichts Wichtigeres. Ich hatte nur ein Problem: Mir fehlte das Geld, um mir den Traum zu erfüllen. Wie so oft, half mir mein Vater. Er war in der Modebranche tätig und vermittelte mir unter großen Anstrengungen einen Ferienjob in einer Textilfabrik in der Nähe von Hamburg. Mit Engelszungen redete er auf einen widerspenstigen Geschäftspartner ein und versicherte ihm, dass ich fleißig sei und er sich jederzeit auf mich verlassen könne. Nach mehreren Tagen hartnäckiger Überredungskunst willigte der Inhaber ein. Für acht Mark die Stunde würde ich in den kommenden sechs Wochen für ihn tätig sein.

An meinem ersten Arbeitstag stand ich um fünf Uhr morgens auf und fuhr über eine Stunde in die Textilfabrik. Dort wurde mir ein Arbeitsplatz an einem Fließband zugewiesen. Die Aufgabe war so einfach wie eintönig. Ich öffnete zur Versendung vorgesehene Kartons mit Jeans und prüfte, ob der Inhalt mit der Versandliste übereinstimmte. War dies der Fall, verschloss ich den Karton wieder, und er ging zur nächsten Station. Wenn ich einen Fehler feststellte, schleppte ich ihn in ein entsprechendes Regal. So ging das acht Stunden lang. Karton öffnen, Liste überprüfen, Karton schließen, Karton weiterschieben, und das Ganze wieder von vorne. Um mich herum saßen fast ausschließlich osteuropäische Frauen, die genau das Gleiche taten und nicht ein Wort sprachen. In meiner halbstündigen Mittagspause hatte ich niemanden, mit dem ich mich unterhalten konnte, und meine Hand war voller Blasen. Als ich am Abend wieder zu Hause ankam, war ich körperlich am Ende, völlig frustriert und schimpfte über die unmenschlichen Arbeitsbedingungen.

Und dann tat ich etwas, was mir bis heute unangenehm ist. Ich ging nicht mehr hin. Ich traute mich nicht einmal, selber anzurufen. Dies musste mein Vater für mich erledigen. Fünf nicht enden wollende Minuten lang wurde er am Telefon zusammengefaltet. Ich wollte vor Scham am liebsten im Boden versinken. Als er auflegte, rechnete ich mit einem Wutausbruch, stellte mich auf eine heftige Strafe oder andere drastische Maßnahmen ein. Doch er tat etwas, was eine viel größere Wirkung haben sollte. Er schaute mich lange schweigend an. Und dann sagte er etwas, was ich wahrscheinlich niemals vergessen werde: »Merk dir eins, mein Sohn. Wenn du es im Leben zu etwas bringen willst, ist Aufgeben niemals eine Option!«

Aufgeben ist niemals eine Option.

Und daran habe ich mich bis heute gehalten. Hunderte Male war ich in Situationen, in denen ich mich überfordert fühlte, nicht wusste, wie es weitergehen sollte, oder keine Hoffnung mehr hatte. Aber jedes Mal erinnerte ich mich an den Moment, in dem mein Vater den Telefonhörer auflegte, und machte weiter. Denn Aufgeben ist niemals eine Option, es gibt immer einen Weg, und das Leben belohnt diejenigen, die weitermachen. Besonders in den Situationen, in denen es schwer ist.

19. EIN PROBLEM IST EIN PROBLEM

Vor Kurzem saß mir eine Führungskraft in einem Coaching gegenüber, die mit ihrer aktuellen Situation im Job überfordert war. »Was ist denn Ihr Problem?«, fragte ich ihn zu Beginn. »Oh«, antwortete er, »bei uns im Unternehmen ist das Wort Problem verboten. In einer Schulung der Personalabteilung haben wir gelernt, nur noch von Herausforderungen, Geschenken und tollen Gelegenheiten zu sprechen.« Kommt Ihnen bekannt vor, oder? Die Welt ist voller Menschen, die mit einer rosaroten Brille durchs Leben laufen, sich sämtliche Misserfolge schönreden und auch die größten Schwierigkeiten einfach wegzulächeln versuchen.

Ein Problem ist ein Problem. Punkt.

Ich weiß nicht, wie es Ihnen geht, aber ich habe Probleme in meiner täglichen Arbeit, meinem Unternehmen und in meinem Leben. Es gibt Zeiten, da läuft manches schief und der Wind bläst mir so richtig von vorne ins Gesicht. Und eines habe ich schon vor langer Zeit verstanden: In diesen Situationen präsentiert mir das Leben weder ein Geschenk, noch stehe ich vor einer tollen Gelegenheit. Nein, ich habe schlicht und einfach ein Problem. Manchmal nur ein kleines, oft aber auch ein richtig großes.

Und was ist daran schlimm? Jeder von uns erlebt Höhen und Tiefen. Jeder von uns macht Fehler. Jeder von uns hat Probleme. Sie zu ignorieren wäre töricht, denn sie sind der beste Indikator, dass es an der Zeit ist, eine Veränderung vorzunehmen. Eine Vogel-Strauß-Mentalität und die Taktik des Aussitzens mag bei Helmut Kohl noch funktioniert haben, aber ich kenne nicht einen einzigen Fall, in dem Schönfärberei und das Ausblenden von Schwierigkeiten zum Erfolg geführt haben. Nur mit aktiver Veränderung können wir wachsen, besser werden und uns weiterentwickeln.

Lassen Sie uns daher ein für alle Mal etwas klarstellen: Ein Problem ist ein Problem. Punkt. Je eher Sie das akzeptieren, desto besser können Sie nämlich damit umgehen. Oder wie es der amerikanische Erfinder Charles Kettering so schön formuliert hat: »Ein Problem, das gut formuliert ist, ist ein Problem, das halb gelöst ist.« Und genau darum geht es. Das Problem als solches zu erkennen und gleichzeitig den Fokus auf mögliche Lösungen zu richten. In drei knackigen Schritten zusammengefasst:

1. Legen Sie die rosarote Brille ab und akzeptieren Sie, dass Sie ein Problem haben.
2. Lösen Sie das Problem.
3. Putzen Sie sich den Mund ab und machen Sie weiter.

20. DIE PERFEKTIONSFALLE

So viele Menschen träumen vom eigenen Unternehmen, finanzieller Freiheit, einem durchtrainierten Körper, steilen Karrieren, erfüllten Beziehungen und generell einem glücklichen Leben. Doch statt die eigenen Träume in die Tat umzusetzen, zögern sie. Warten ab. Und scheitern schlussendlich am größten Erfolgsverhinderer, den ich kenne: der Perfektionsfalle. Dem Anspruch, perfekt vorbereitet sein zu müssen. Der Ansicht, dass noch etwas fehlen könnte. Dem fatalen Irrtum, nicht gut genug zu sein. Kommt Ihnen das bekannt vor? In der Praxis ist die Perfektionsfalle an einem eindeutigen Symptom erkennbar. Anstatt eine echte Entscheidung zu treffen, ein klares Ziel zu formulieren und dann sämtliche Kraft in die Umsetzung zu stecken, verschwendet man die vorhandene Energie lieber für die Vorbereitung. Man plant und plant und plant.

Und während andere schon lange handeln, plant man lieber noch ein wenig weiter. Man bereitet sich mental vor, kauft unzählige Bücher (die man dann doch niemals liest), besucht Weiterbildungen, redet sich ein, noch nicht so weit zu sein, nimmt sich vor, im nächsten Monat ganz bestimmt anzufangen, und plant dann weiter. Man wartet so lange auf den perfekten Moment, dass man es verpasst, in die so wichtige Phase der Umsetzung zu kommen.

Doch ich will Ihnen das große Geheimnis der Veränderung verraten. Den wichtigsten Baustein, um vom Planungsweltmeister zum Macher zu werden. Sind Sie bereit? Okay, hier ist er: So etwas wie einen perfekten Moment zum Anfangen gibt es einfach nicht. Es wird sich immer etwas finden, was Sie nicht wissen, was Sie nicht können oder was Sie nicht bedacht haben. Na und? Erfolg ist niemals eine gerade Linie, sondern immer ein Prozess mit vielen Höhen und Tiefen. Unsere Aufgabe ist es, auf diesem Weg zu lernen, zu wachsen und uns weiterzuentwickeln.

Was auch immer Sie vorhaben, befreien Sie sich daher aus der Perfektionsfalle. Machen Sie sich immer wieder klar, dass Sie gut genug sind. Und irgendwann kommt der Zeitpunkt, an dem Sie einfach anfangen müssen. Lieber unperfekt begonnen als perfekt gezögert. Natürlich, auf dem Weg werden Sie viele Fehler machen, unvorhergesehene Probleme lösen und Hindernisse überwinden müssen. Aber erstens ist das nun mal das Leben, und zweitens ist dies der einzige Weg, um zu lernen, zu wachsen und sich weiterzuentwickeln.

Lieber unperfekt begonnen als perfekt gezögert.

Hier ist meine Faustformel für Sie: Bereiten Sie sich so viel wie nötig, aber so wenig wie möglich vor. Und dann legen Sie los. Geben Sie sich mit achtzig Prozent zufrieden, denn hundert werden Sie sowieso in der Regel nicht erreichen. Kommen Sie ins Handeln und lernen Sie auf dem Weg. Und je mehr Sie sich trauen, unperfekt anzufangen, desto erfolgreicher werden Sie sein. Oder wie es der koreanische Künstler Nam June Paik einmal auf den Punkt brachte: »Wenn zu perfekt, lieber Gott böse!«

21. TUN SIE DAS, WAS SIE ERFÜLLT.
SO OFT WIE MÖGLICH

Ein Unternehmensberater verbrachte einst seinen Urlaub auf einer kleinen Insel. Eines Tages beobachtete er, wie ein einheimischer Fischer an der Mole stand und seine Angel ins Meer warf. In seinem Eimer befanden sich nur wenige Fische und ein paar Muscheln. Die Szenerie faszinierte ihn und er fragte den Angler: »Wie lange haben Sie denn gebraucht, um diese Fische zu fangen?« Der Fischer antwortete: »Keine Ahnung, vielleicht ein paar Stunden.« Dies weckte seine Beraterinstinkte. »Aber in dieser Zeit hätten Sie doch viel mehr fangen können. Die Gewässer hier sind voll prächtiger Exemplare.« Der Einheimische antwortete: »Ach, es ist mehr als genug. Die Hälfte verkaufe ich auf dem Markt und der Rest ist für meine Familie und mich.« »Wie sieht denn Ihr Tagesablauf aus?«, wollte der Manager nun wissen. »Tja, ich lasse mich von der Sonne wecken und gehe zuerst ein wenig fischen. Dann spiele ich mit meinen Kindern, kümmere mich um meinen Garten und später gehe ich dann ins Café. Dort treffe ich mich mit meinen Freunden und wir trinken gemeinsam Wein.«

Der Manager witterte ein Geschäft. »Wissen Sie, ich arbeite in einer internationalen Unternehmensberatung. Vielleicht kann ich Ihnen helfen.« Der Fischer schaute ihn verdutzt an. »Mir helfen? Wobei denn?« »Es ist so«, begann der Berater. »Wenn Sie Ihre Zeit anders einteilen, dann würden Sie mehr Fische fangen. Dies bedeutet höhere Einnahmen. Mit diesen könnten Sie sich dann ein Boot leisten und noch mehr Fische fangen. Die Einnahmen würden weiter steigen, Sie könnten zusätzliche Boote kaufen und hätten Ihre eigene Fischfangflotte. Statt auf dem Markt könnten Sie Ihren Fang direkt an große Fischverarbeitungsbetriebe verkaufen und später sogar einen eigenen eröffnen. Damit hätten Sie die Kontrolle über das Produkt, die Verarbeitung und den Vertrieb. Dazu müssten Sie natürlich in die Hauptstadt aufs Festland ziehen. Dort könnten Sie ein schmuckes Büro eröffnen und von da aus Ihre Geschäfte steuern.«

Der Fischer hörte sich alles emotionslos an. Dann fragte er: »Und wie lange würde das so ungefähr dauern?« »Ich schätze, so fünf bis zehn Jahre«, antwortete der Manager. »Und was ist dann?« Der Consultant wurde euphorisch: »Was dann ist? Dann können Sie Ihre Firma verkaufen und wären Millionär!« Der Fischer überlegte. »Millionär. Aha. Und dann?« »Ja dann«, antwortete der Berater, »dann können Sie endlich das Leben genießen. Sie könnten sich zur Ruhe setzen und in ein kleines Fischerdörfchen auf einer Insel ziehen. Sie könnten sich von der Sonne wecken lassen, ein wenig fischen gehen und mit Ihren Kindern spielen. Wann immer Sie Lust haben, können Sie sich um Ihren Garten kümmern, sich mit Ihren Freunden im Café treffen und dort Wein trinken. Hört sich das nicht absolut traumhaft an?«

Tun Sie das, was Sie erfüllt. Und zwar so oft wie möglich.

Die Moral von der Geschicht': Tun Sie das, was Sie erfüllt. Und zwar so oft wie möglich. Nicht erst in zehn Jahren, sondern jetzt. Der beste Moment, um glücklich zu sein, ist immer jetzt.

22. ALWAYS GO FIRST!

Kennen Sie die Geschichte von Jeder, Jemand, Irgendjemand und Niemand? Sie geht so:

Eines Tages gab es etwas sehr Wichtiges zu erledigen, und Jeder sollte sich drum kümmern. Jeder war sicher, dass Jemand es schon machen würde. Irgendjemand hätte es tun können, aber Niemand tat es. Jemand war sofort sauer, weil es Jeders Arbeit war. Jeder dachte, Irgendjemand würde sich schon kümmern, aber Niemand bemerkte, dass Jeder sich darum drückte. Das Ende vom Lied war, dass Jeder Jemand beschuldigte, weil Niemand das tat, was Irgendjemand hätte tun sollen.

Ich mag diese kleine Geschichte, denn sie beschreibt auf eine humorvolle Art und Weise das Wesen der Veränderung. Dies lässt sich so beschreiben: Jeder will Veränderung, aber niemand will sich selbst verändern.

> »Sei du selbst die Veränderung, die du dir wünschst für diese Welt.«
> MAHATMA GANDHI

Machen Sie gerne die Probe aufs Exempel. In Ihrer Firma. Ihrer Abteilung. In Ihrem eigenen Leben. Jeder Einzelne von uns findet Veränderung grundsätzlich gut. Wir wünschen uns andere Rahmenbedingungen, bessere Ergebnisse und sonnigere Zukunftsaussichten. Aber darum kümmern sollen sich dann doch immer die anderen. Und weil das so ist, wissen wir alle auch immer ganz genau, was und wer sich um uns herum alles verändern muss, damit wir so bleiben können, wie wir sind. Und schon sind wir wieder am Ausgangspunkt. Denn wenn jeder darauf wartet, dass jemand anderes schon etwas tun wird, dann wird niemand etwas tun. Im besten Fall bedeutet dies Stillstand. Und dieser ist in der heutigen Zeit gleichbedeutend mit Rückschritt.

Um Veränderungen aktiv zu gestalten, muss also irgendjemand aus diesem Teufelskreis der Passivität ausbrechen; ich würde mir wünschen, dass Sie sich entscheiden, einen Unterschied zu machen. Sie mögen alles Wissen dieser Welt haben, aber Sie müssen selbst ins Handeln kommen. Sie mögen alle notwendigen Fähigkeiten besitzen, aber Sie müssen den Change aktiv umsetzen. Das Mantra für diese Haltung lautet: »Always go first!« Oder um es mit den Worten des großen Mahatma Gandhi auszudrücken: »Sei du selbst die Veränderung, die du dir wünschst für die Welt.«

»Always go first!« Warten Sie nicht auf andere, sondern gehen Sie mutig voran. Verlangen Sie nichts von anderen, wozu Sie nicht auch selbst bereit wären. Seien Sie ein Vorbild für Ihr Umfeld, an dem man sich gerne orientiert. Lassen Sie Taten statt Worte sprechen. Denn wenn Sie sich verändern, verändert sich alles.

23. DAS PERSÖNLICHE NEW YORK
IN IHREM LEBEN

»Ich war noch niemals in New York, ich war noch niemals auf Hawaii, ging nie durch San Francisco in zerriss'nen Jeans.« Dies ist die vielleicht berühmteste Textzeile aus einem Lied des von mir sehr verehrten Udo Jürgens. Mit ein paar harmlos klingenden Worten beschreibt er dabei die heimlichen Sehnsüchte eines ganz normalen Menschen, der davon träumt, endlich aus seiner eintönigen Ehe, dem spießigen Treppenhaus mit Bohnerwachs und seinem grauen Alltag zu entfliehen. Ein großartiger Song, der mein Leben definitiv verändert hat.

Haben wir nicht alle diese Träume, Wünsche und Sehnsüchte? Haben wir nicht alle manchmal das Gefühl, dass dies noch nicht alles gewesen sein kann? Dass das Leben so viel mehr zu bieten hat, als jeden Tag für acht Stunden in ein graues Büro zu fahren und Dinge zu tun, die uns im besten Fall langweilen, häufig aber frustrieren?

Doch wie im Lied von Udo Jürgens trauen sich die wenigsten, ihre Träume auch in die Tat umzusetzen, und kehren stattdessen wieder zurück in ihr ganz persönliches Treppenhaus mit Bohnerwachs und Spießigkeit. Sie tun ein Leben lang Dinge, die sie nicht erfüllen, blicken dann irgendwann reumütig zurück und seufzen ein von Bedauern geprägtes »Ach, hätte ich doch bloß ...« gen Himmel.

Das ist tragisch, denn nichts hat eine so unbändige Kraft wie ein starkes *Warum* im Leben. Denn wenn Sie wissen, warum und wofür Sie leben, dann finden Sie auch immer einen Weg, um es zu bekommen. Weil Sie bereit sind, Fehler zu machen, und sich auch nicht von Rückschlägen aus der Bahn werfen lassen, die definitiv passieren werden. Oder anders ausgedrückt: Wenn das *Warum* stark genug ist, folgen das *Wie* und das *Was* von ganz allein.

Für den im Lied besungenen Mann ist dieses *Warum* eine Reise nach New York. Für andere ist es das eigene Unternehmen, die glückliche Familie oder die finanzielle Freiheit. Und möglicherweise ist es für Sie etwas vollkommen anderes. Lassen Sie mich Ihnen daher die entscheidende Frage stellen: Wie sieht Ihr persönliches New York in Ihrem Leben aus? Was lässt Sie morgens voller Energie aus dem Bett springen? Was lässt Ihre Augen leuchten, wenn Sie nur daran denken?

Wenn das Warum stark genug ist, folgen das Wie und das Was von allein.

Was auch immer es ist, lassen Sie Ihre Träume auf keinen Fall in einer Schublade versauern. Denn es gibt kein besseres Navigationssystem für ein erfülltes Leben als das tägliche Streben nach dem persönlichen New York im eigenen Leben. Ihr Alltag wird bunter, intensiver und abwechslungsreicher werden.

Und noch etwas werden Sie feststellen. Wenn Sie nach einem starken *Warum* leben, dann werden Sie für Ihr Umfeld zu einem charismatischen Leader. Ihre Mitarbeiter werden Ihnen voller Vertrauen folgen und Ihre Kunden gerne bei Ihnen kaufen. Ihr persönliches New York im Leben ist nur eine Entscheidung entfernt. Sie haben alles, was Sie brauchen. Den Pass, die Euroschecks – vielleicht geht heute noch ein Flug. Die einzige Frage lautet: Werden Sie auch einsteigen?

24. GEBEN, GEBEN, GEBEN

Vor einigen Jahren war Zig Ziglar mein täglicher Begleiter. Wann immer ich etwas Zeit hatte – beim Autofahren, Joggen oder im Urlaub –, habe ich mir eine seiner vielen Podcast-Episoden angehört. Ein wirklich genialer Typ. Und obwohl er unglaublich viele erinnerungswürdige Dinge gesagt hat, hat mich ein Zitat besonders geprägt: »You can get everything in life you want if you will just help enough other people get what they want.« Übersetzt: »Du kannst im Leben alles, was du willst, bekommen, wenn du nur genug anderen Menschen dabei hilfst, das zu bekommen, was sie wollen.« Ich habe lange gebraucht, um die tiefere Bedeutung dieses Satzes wirklich zu verstehen; damals tat ich das einfach nur als esoterischen Humbug oder lebensferne Weisheit eines Gurus ab. Erst heute, viele Jahre und zahlreiche Erfahrungen später, weiß ich, wie recht Ziglar mit seiner Behauptung hatte.

> **Erfolg entsteht durch eine klare Reihenfolge. Geben. Dann erst nehmen.**

Wenn ich eines gelernt habe, dann dieses: Es gibt definitiv eine ganz klare Reihenfolge, wie Erfolg entsteht. Geben. Geben. Geben. Dann, und erst dann, kommt Phase zwei: nehmen. In den letzten Jahren hatte ich die große Ehre, viele spannende Menschen kennenlernen zu dürfen. Je erfolgreicher sie waren, desto mehr hatten sie diese besondere Gebermentalität verinnerlicht. Ich meine damit nicht das Geben mit dem Hintergedanken, dafür im Gegenzug etwas zu bekommen. Nein, ich spreche von dem bedingungslosen Geben, um anderen Menschen etwas Gutes zu tun. Einfach nur so. Weil man es kann. Weil man über bestimmtes Wissen, Kontakte oder Know-how verfügt oder dem anderen dabei behilflich sein kann, ein Ziel einfacher zu erreichen.

Dann passiert etwas Erstaunliches. Je häufiger Sie auf diese Art und Weise geben, desto mehr werden Sie auch bekommen. Nicht immer aus den Richtungen und von den Menschen, von denen Sie es erwarten würden, aber Sie werden feststellen, wie sehr sich Ihr Karma-Konto im Laufe der Zeit ausgleicht. Je mehr Sie geben, desto mehr werden Sie auch zurückbekommen. Je mehr Sie diese Mentalität verinnerlicht haben, desto mehr werden Sie das Ziglar'sche Motto bestätigt sehen. Je mehr Sie anderen Menschen helfen, das zu bekommen, was diese wollen, desto mehr werden Sie auch genau das bekommen, was Sie selbst wollen.

Fragen Sie sich also regelmäßig, was Sie wem geben können. Und zwar nicht mit der Intention, etwas zurückzubekommen, sondern einfach weil Sie gerne geben und weil Sie es können. Sobald Sie beginnen, nach dieser Philosophie zu leben, sowohl in Ihrem privaten als auch im beruflichen Umfeld anderen Menschen zu helfen, desto mehr werden die tollsten Dinge aus den unterschiedlichsten Richtungen zu Ihnen zurückkommen. Und das ist definitiv kein esoterisches Wunschdenken, sondern ganz einfach ein universelles Gesetz der Praxis.

25. IM KOPF VON THOMAS MANN

Heute mag man es kaum mehr glauben, aber in der Schule war das Lesen von Büchern für mich eine wahre Quälerei. Ich hielt es für die größte Strafe überhaupt, wenn unsere Deutschlehrerin Frau Prüfer uns Goethe, Dostojewski oder Hermann Hesse näherbringen wollte. Es ist wie mit so vielem im Leben. Wenn man etwas unter Zwang tun muss, regt sich Widerstand. Erst wenn man etwas wirklich tun will, kommen auch der Spaß und die Freude hinzu. So war es auch bei mir. Kaum hatte ich mein Abitur gemacht, wurde ich zu einem wahren Bücherwurm. Ich las Krimis, Klassiker der Weltliteratur, Sachbücher und einfach alles, was mir in die Finger fiel. Ich wurde zu einem Schwamm, der das Wissen voller Enthusiasmus aufsog.

Heute bin ich sehr dankbar, dass ich die Kurve noch bekommen habe. Denn ein Buch ist die wohl großartigste Möglichkeit, den eigenen Horizont zu erweitern, sich von faszinierenden Menschen inspirieren zu lassen und von den Erfahrungen der Autoren zu lernen. Nur durch das Lesen eines Buchs haben wir die einzigartige Möglichkeit, Zugang zu den klügsten Köpfen dieser Welt zu haben, in ihre Gedankenwelt einzutauchen und von unserem heimischen Sofa aus mit ihnen eine Unterhaltung zu beginnen. Wir können mit Thomas Mann durch die zugigen Gassen von Lübeck spazieren, mit Ayn Rand über ihre mutigen Ideen zur Selbstbestimmung diskutieren oder von Rainer Maria Rilke über das Wesen der Liebe lernen. Lesen Sie daher, so viel Sie können.

Sie wollen wissen, wie Richard Branson sein Imperium aufgebaut hat, warum Eric Clapton so vom Gitarrespielen fasziniert ist oder welche Ideen Peter Drucker zum Thema Management hatte? Schnappen

Sie sich ihre Bücher. Sie werden danach nicht mehr derselbe Mensch sein. Schon ein chinesisches Sprichwort weiß um die Auswirkungen regelmäßigen Lesens: »Du kannst kein Buch öffnen, ohne etwas daraus zu lernen.« Dem kann ich nur zustimmen. Alle erfolgreichen Businessmenschen, die ich kenne, sind enthusiastische Leser. Kein Wunder, schließlich wusste schon der amerikanische Präsident Harry Truman: »Not all readers are leaders, but all leaders are readers.«

Egal, wie voll Ihr Terminkalender auch sein sollte, nehmen Sie sich täglich mindestens eine Stunde Zeit, um zu lesen. In Zeiten von Kindle, Audiobooks und iPhones war es noch nie so leicht, auch in der S-Bahn, am Flughafen oder beim Joggen die Inhalte eines Buchs zu verinnerlichen.

Und noch ein wichtiger Tipp. Bewerten Sie ein Buch niemals nach der Menge der neuen Informationen, die Sie erhalten haben. In Zeiten, in denen so gut wie alles schon gedacht, gesagt und geschrieben wurde, werden Sie sonst oft enttäuscht werden. Nein, ich empfehle Ihnen, ein Buch immer mit folgender Intention zu lesen: »Welche Ideen helfen mir in meiner aktuellen Situation am besten weiter?« Und dann setzen Sie diese um. Natürlich gilt das auch für dieses Buch. Wenn Sie nur eine einzige Idee anwenden, die Ihnen bei einem aktuellen Ziel weiterhilft, dann wäre ich der glücklichste Mensch auf Erden.

Lesen Sie täglich!

26. FAMILY FIRST

»Family is not an important thing, it's everything.« Diese Worte stammen von *Zurück-in-die-Zukunft*-Darsteller Michael J. Fox. Besser kann man es einfach nicht formulieren, oder? Es gibt einfach nichts Wichtigeres im Leben als die Familie. Freunde, Bekannte und Kollegen kommen und gehen. Die Familie bleibt immer. Sie ist der Fels in der Brandung, Energietankstelle und Rückzugsort. Sie ist es, die in schweren Zeiten für uns da ist, uns bedingungslos unterstützt und uns auch in den letzten Momenten auf dieser Erde begleitet. Oder haben Sie schon mal eine Todesanzeige gelesen, auf der stand: Sie starb glücklich und zufrieden im Kreise ihres Steuerberaters, Tennislehrers und Rechtsanwalts? Sehen Sie.

Wir sollten das Geschenk der Familie niemals für selbstverständlich nehmen, sondern dankbar für die Menschen sein, mit denen wir unsere schönsten Momente teilen dürfen. Und damit beginnen wir am besten sofort. Jetzt, in diesem Augenblick. Nicht erst dann, wenn uns ein Schicksalsschlag auf unmissverständliche Art daran erinnert, wie wichtig es ist, Zeit mit der Familie zu verbringen.

Setzen Sie Ihre Familie immer an die erste Stelle.

Damit meine ich nicht, dass Sie keine Karriere machen, kein Unternehmen gründen oder nicht mit Vollgas im Business unterwegs sein sollten. Ganz im Gegenteil, wer mich kennt, der weiß, wie sehr ich meine Arbeit liebe. Manche meiner Freunde bezeichnen mich manchmal sogar als Workaholic, und ich bin ihnen dankbar, dass sie mir regelmäßig den Spiegel vorhalten. Wichtig ist einfach, sich genügend Auszeiten zu nehmen.

Ich werde nie vergessen, wie ich mich vor vielen Jahren mit einem Karstadt-Vorstand unterhalten habe. Er war der Star der Firma, hatte eine steile Karriere hinter sich und galt als Vorbild für sehr viele Mitarbeiter. Doch innerlich war er vollkommen unglücklich und in einer stillen Minute verriet er mir: »Was nützen mir das ganze Geld, der Status und die Macht, die ich in diesem Unternehmen habe, wenn ich niemanden habe, mit dem ich mein Glück teilen kann? Meine beiden Kinder sind jetzt zwölf und vierzehn Jahre, und ich habe ihre komplette Kindheit verpasst, weil ich nur im Büro war.«

Ich habe mir damals geschworen, es nie so weit kommen zu lassen. Bei mir wird die Familie immer an erster Stelle kommen, und erst danach das Business. Es lässt sich ja auch wunderbar miteinander vereinbaren. Ich behaupte sogar: Je mehr Sie ein Familienmensch sind, desto mehr Erfolg werden Sie auch im Business haben. Oder wie es Vito Corleone im Film *Der Pate* so schön auf den Punkt brachte: »Ein Mann, der keine Zeit mit seiner Familie verbringt, ist kein richtiger Mann.« Recht hat der Pate. Und ich nehme es als Impuls, meiner Familie genau jetzt zu sagen, wie sehr ich sie liebe. Vielleicht möchten Sie das Gleiche in Ihrer Familie tun.

27. TRAINING IST ALLES

Vor vielen Jahren war ich in meiner Heimatstadt Lübeck zu Besuch und meine Schwester fragte mich: »Hast du nicht Lust, zusammen mit mir am jährlichen Stadtlauf teilzunehmen? Es sind nur 7,5 Kilometer und die Strecke ist wirklich schön. Ach so, und es ist übrigens schon übermorgen.« Jetzt müssen Sie wissen, dass ich damals seit einem halben Jahr nicht mehr gelaufen war, aber um etwas Zeit miteinander verbringen zu können, sagte ich: »Okay, ich bin dabei!«

Doch am nächsten Tag bekam ich Bammel, weil ich wirklich alles andere als fit war. Also bat ich meinen Freund Jan-Uwe um Rat. Der war damals Profifußballer und für seine außerordentliche Kondition bekannt. Abends beim Bier erklärte er mir seine Philosophie: »Siebeneinhalb Kilometer ist quasi eine Kurzstrecke. Du läufst am Anfang, so schnell du kannst. Dann hast du den Großteil hinter dir und schaffst die letzten paar Meter auch noch.« Heute klingt dieser Plan auch für mich etwas seltsam, aber damals hielt ich ihn für eine sensationelle Idee.

Am Tag des Rennens setzte ich die Strategie auch gleich in die Tat um. Bei dreißig Grad rannte ich los wie die Feuerwehr, überholte einen Läufer nach dem anderen und war total happy, dass der Plan so gut aufging. Aber irgendwann kam der Zeitpunkt, an dem mein Atem immer kürzer wurde. Nachdem ich gefühlt schon eine Ewigkeit gelaufen war, schaute ich keuchend auf das Entfernungsschild am Straßenrand: 500 Meter. Und mir wurde klar: Noch sieben Kilometer und ich konnte jetzt schon nicht mehr!

Aber Aufgeben kam nicht infrage, also schleppte ich mich weiter. Auf den nächsten Kilometern überholten mich Hunderte von Läufern und ich wurde immer weiter ans Ende des Feldes durchgereicht. Mit jedem Schritt wurden meine Beine schwerer und meine Kondition schwand. Doch es kam noch besser. Knapp 900 Meter vor dem Ziel wartete eine Steigung auf mich, die sich anfühlte, als wäre es die Zugspitze.

Ich aktivierte gerade meine allerletzten Reserven, als ich aus dem Augenwinkel eine ungefähr achtzig Jahre alte Dame wahrnahm, die federnden Schrittes immer näher kam. Mir ging nur ein Gedanke durch den Kopf: »Die Blöße gibst du dir nicht, du lässt sie auf keinen Fall überholen.« Doch ich konnte einfach nicht mehr, und kurze Zeit später war die Omi direkt neben mir. Und ich werde wahrscheinlich nie mehr vergessen, wie sie mir direkt in die Augen blickte und dann mit einem Lächeln auf den Lippen sagte: »Tja, mien Jung, Training ist alles!« Kurze Zeit später hatte sie mich abgehängt, während mir immer noch dieser Satz im Kopf herumschwirrte: »Training ist alles!«

> Im Leben gewinnen die, die am besten vorbereitet sind und sich aktiv verändern.

Genau so ist es im Leben, in unserem Job, bei allem, was wir tun. Es gewinnen nie die mit den besten Startvoraussetzungen, sondern immer die, die am besten vorbereitet sind und sich aktiv verändern. Denn Training ist alles, und bei gleichen Rahmenbedingungen ist es immer der Wille, die Bereitschaft und die tägliche Arbeit an den eigenen Zielen, die den entscheidenden Unterschied macht.

28. DIE BRILLE PUTZEN

Vor ein paar Jahren ging ich an einem wundervollen Sommertag in Travemünde am Hafen spazieren. Als ich an den aus Thomas Manns *Buddenbrooks* bekannten Steinen angekommen war, fiel mir ein Angler auf, der sich sehr merkwürdig verhielt. Er hatte bereits viel gefangen, aber er warf nur die kleinen Fische in seinen Eimer. Die großen Exemplare hingegen schleuderte er direkt ins Meer zurück.

Neugierig ging ich auf ihn zu und fragte: »Darf ich Sie fragen, warum Sie die großen Fische alle zurück in die Ostsee werfen und nur die kleinen behalten? Ein Angler definiert sich doch schließlich über die Größe seines Fangs.« Die Antwort des Mannes verblüffte mich: »Das hat einen ganz einfachen Grund. Für die großen Fische ist die Pfanne von meiner Frau einfach zu klein.«

Nach diesem Muster handeln die meisten Menschen. Sie denken klein und passen sich den äußeren Umständen an. Und das ist tragisch, denn auf diese Weise verpasst man nicht nur die besten Gelegenheiten im Leben, sondern verschwendet auch einen Großteil des eigenen Potenzials. Statt sich eine größere Pfanne zu kaufen, gibt man sich mit den kleinen Fischen zufrieden und redet sich den eigenen Status quo schön. Das Ergebnis können Sie jeden Tag in Ihrem Umfeld beobachten: Unzufriedenheit. Zynismus. Das nagende und niemals endende Gefühl, dass es im Leben doch noch mehr geben muss.

Und das gibt es auch! Wenn wir uns bewusst machen, dass unser heutiges Leben nicht zwangsläufig auch dasjenige unserer Zukunft sein muss. Denn wir betrachten die Welt immer durch die Brille unserer eigenen Vorurteile, Limitationen und Ängste. Und sobald wir diese vom einschränkenden Nebel befreien, tun sich auf einmal vollkommen neue Möglichkeiten auf. Erinnern Sie sich immer daran: »Wir sehen die Welt nicht, wie sie ist. Wir sehen die Welt, wie wir sind.«

Ich erinnere mich noch genau: Als ich die Auswirkungen dieses Satzes vor über zehn Jahren zum ersten Mal in ihrer vollen Gänze verstanden hatte, sollte mein Leben nie mehr das gleiche sein.

Sie haben jeden Tag aufs Neue die Möglichkeit, Ihre Zukunft aktiv zu gestalten.

Wo immer Sie heute stehen, welche Erfahrungen Sie in der Vergangenheit gemacht haben und wie schwer die Zeiten auch sein mögen – Sie haben jeden Tag aufs Neue die Möglichkeit, Ihre Brille zu putzen. Eine Entscheidung zu treffen und Ihre Zukunft aktiv zu gestalten. Sich von allen Einschränkungen zu lösen und sich auf die Jagd nach den großen Fischen zu machen. Sich einen Job zu suchen, der Sie fordert. Beziehungen zu führen, die Sie erfüllen. Und jeden Tag aufs Neue ein Leben zu führen, das diesen Namen auch verdient. Es liegt alles an Ihnen. Es liegt alles *in* Ihnen. Schließen möchte ich daher mit einem Zitat der von mir sehr verehrten Ayn Rand: »Die Frage ist nicht, wer es mir erlauben will. Die Frage ist, wer mich aufhalten will.«

29. ES HEISST HARTE ARBEIT, WEIL ES HART IST

An nichts glaube ich so sehr wie an die gute harte Arbeit. Denn wenn ich eines im Laufe der Jahre gelernt habe, dann dies: Im Leben fällt einem nichts in den Schoß, und von nichts kommt nichts. Trotzdem erwarten immer noch sehr viele Menschen überdurchschnittliche Ergebnisse, sind aber nicht bereit, die Ärmel hochzukrempeln und hart zu arbeiten. Natürlich spielen Talent, Glück und die richtigen Rahmenbedingungen immer eine Rolle, aber wie Malcom Gladwell in seinem Buch *Outliers* so treffend festgestellt hat, schlägt langfristig der Fleiß das Talent. Und ist nicht Glück immer das Aufeinandertreffen von leidenschaftlichem Einsatz und der richtigen Gelegenheit?

40 Std. / Woche einen Job, der unzufrieden macht, oder 80 Std. / Woche einen Job, den wir lieben?

Im letzten Jahr war ich auf einem Kongress in den USA. Einen Abend verbrachte ich mit einem sehr berühmten, überdurchschnittlich erfolgreichen amerikanischen Speaker und einem nicht ganz so erfolgreichen Kollegen an der Hotelbar. Nach tollen Gesprächen und reichlich Alkohol verabschiedeten wir uns morgens um drei Uhr voneinander.

Am nächsten Morgen quälte ich mich um halb acht aus dem Bett, weil ich mir vorgenommen hatte zu joggen. Und wen sah ich, schreibend am Laptop sitzend, im Hotelcafé? Richtig, den Topspeaker, der beiläufig erwähnte, dass er schon neunzig Minuten im Fitnessstudio war und gerade ein weiteres Kapitel für sein neues Buch fertig geschrieben hatte. Das ist es wohl, was man den Preis des Erfolges nennt. Als ich ihn fragte, warum er denn so hart arbeite, gab er mir eine faszinierende Antwort: »Wir haben immer die Wahl. Ob wir vierzig Stunden in der Woche einen Job machen wollen, den wir nicht mögen, der uns unzufrieden macht oder den wir sogar hassen. Oder ob wir achtzig Stunden einem Job nachgehen, den wir lieben.« Weise Worte. Viel mehr Menschen sollten sich dieser Wahlmöglichkeit wesentlich öfter bewusst werden.

Ach ja, unseren anderen Kollegen habe ich erst zum Mittag wiedergesehen. Er musste erst einmal ausschlafen und beschwerte sich vehement, dass er es einfach nicht schafft, sein erstes Buch fertigzustellen. Tja, Erfolg ist eben immer freiwillig.

Lassen Sie uns also Klartext reden. Harte Arbeit heißt nicht umsonst so. Weil sie eben hart ist. Weil sie viele Entbehrungen, kurze Nächte und energiezehrende Tage zur Folge hat. Weil sie einen hohen Preis hat und uns jeden Tag aufs Neue auf die Probe stellt, ob wir auch bereit sind, ihn zu zahlen. Doch sie hat eben auch überdurchschnittliche Resultate zur Folge. Weil sie sich langfristig immer auszahlt und die Spreu vom Weizen trennt. Wir haben immer die Wahl, wofür wir uns entscheiden. Für Dienst nach Vorschrift oder für die Extrameile. Für hundert Prozent Einsatz oder für Umsetzung mit angezogener Handbremse. Für echtes Commitment oder für halbherzige Ankündigungen. Der Volksmund sagt: »Nur die Harten kommen in den Garten.« Das trifft den Nagel auf den Kopf.

Ich würde mir daher wünschen, dass Sie sich von harter Arbeit nicht abschrecken lassen, sondern sie als notwendige Voraussetzung für die Erfolge in Ihrer Zukunft sehen. Krempeln Sie die Ärmel hoch, denken Sie mutig und arbeiten Sie hart. Das Leben wird Sie reich beschenken.

30. VERÄNDERUNG EINFACH MACHEN

Ich möchte eine der fatalsten Fehlannahmen mit Ihnen teilen, die ich fast täglich in meiner Arbeit als Change-Coach in Unternehmen erlebe. Ich spreche von der tief verwurzelten Überzeugung, dass Veränderung kompliziert sein müsse. Welch ein Irrtum! Und während man sich in komplexe Theorien, Methoden und Argumentationsketten verstrickt, übersieht man so oft die einfache, direkt vor der Nase liegende Lösung.

Ich werde nie vergessen, wie ich während einer Tagung zu meinen Karstadt-Zeiten den Ausführungen eines Vorstands über das anstehende Change-Projekt lauschte. Nach über 150 PowerPoint-Folien mit unzähligen Charts, Diagrammen und Tabellen kam er endlich zum Schluss. Der Geschäftsführer-Kollege zu meiner Rechten klatschte begeistert Applaus. »Sag mal, Dieter«, fragte ich ihn, »weißt du denn jetzt, wie du das in deiner Filiale umsetzen kannst?« Seine Antwort war bezeichnend: »Nein, aber es klang so schön.«

Nur weil die Rahmenbedingungen in Zeiten von Globalisierung und Digitalisierung immer komplexer werden, heißt das noch lange nicht, dass die Lösung nicht einfach sein kann. Ganz im Gegenteil. Die besten Ideen liegen oftmals auf der Hand.

Nehmen Sie das Beispiel Gepäck. Jahrzehntelang schleppten Reisende ihre schweren Koffer mühsam durch die Flughäfen und Bahnhöfe dieser Welt. Bis im Jahr 1987 der amerikanische Pilot Robert Plath die einfache, aber geniale Idee hatte, vier Rollen unter seinen Koffer zu schrauben. Und schon war der Rollkoffer erfunden, wie wir ihn heute kennen. So häufig liegt die Lösung dicht vor unserer Nase, doch wir sehen sie einfach nicht, weil wir schon zu sehr in unseren vertrauten komplizierten Denkmustern gefangen sind. Ich möchte Sie daher dazu anstiften, bewusst querzudenken, mutig zu handeln und es zu wagen, sooft es geht, neue Wege zu gehen.

Ich möchte Sie gerne dazu ermutigen, Veränderung einfach zu machen. Sich auf das Wesentliche zu konzentrieren. Die amerikanische Football-Legende Ralph Marston hat das gut auf den Punkt gebracht, als er sagte: »Es kommt nicht darauf an, was du willst. Worauf es ankommt, ist, wie sehr du es willst. Das Ausmaß und die Komplexität eines Problems sind nicht annähernd so entscheidend wie die Bereitschaft, es zu lösen.« Um diese Haltung in die Tat umzusetzen, benötigen Sie dreierlei:

> **Veränderung wird einfach, wenn Sie Veränderung einfach machen.**

1. Eine echte, unumstößliche Entscheidung für Veränderung.
2. Ein klares Ziel, etwas, wofür es sich lohnt, ins Handeln zu kommen.
3. Tägliche Wiederholung, um aus dem neuen Verhalten eine kraftvolle Gewohnheit zu machen.

Und wenn Sie das nächste Mal vor einem komplizierten Problem stehen, dann würde ich mir wünschen, dass Sie sich an einen meiner Wahlsprüche erinnern: »Veränderung wird einfach, wenn Sie Veränderung einfach machen.«

31. SCHREIBEN SIE GESCHICHTE

Als passionierter Skatspieler weiß ich: Wer schreibt, der bleibt. Diese alte Weisheit gilt genauso für Ihren Erfolg im Job, in Ihrer Familie und in jedem anderen Lebensbereich. Dabei ist die Idee eines Veränderungs-Journals überhaupt nicht neu, schon immer haben die Menschen persönliche Tagebücher geführt. Auch Ihnen lege ich dies ans Herz. Allerdings ganz anders, als Sie jetzt vielleicht vermuten.

> Sobald Sie Ihre Gedanken und Erlebnisse aufschreiben, spüren Sie mehr Klarheit und Dankbarkeit.

Vor fast zwanzig Jahren habe ich zum ersten Mal die *Grenzenlose Energie – Das Power-Prinzip* von Anthony Robbins gelesen. Und dort bin ich auf einen Satz gestoßen, der etwas in mir ausgelöst hat. Er lautete: »Ein Leben, das es wert ist, gelebt zu werden, ist ein Leben, das es wert ist, aufgeschrieben zu werden.« Und das stimmt. Sobald Sie beginnen, Ihre Gedanken, Ideen und Erlebnisse schriftlich festzuhalten, werden Sie einen sofortigen Zuwachs an Klarheit, Fokussierung und Dankbarkeit verspüren.

Sind Sie bereit für Ihr ganz persönliches Veränderungs-Journal? Verzichten Sie unbedingt auf billige Kladden, Spiralblöcke oder eine Zettelsammlung. Das ist zwar besser als nichts, aber Sie halten schließlich die wichtigsten Momente Ihres Lebens fest. Und die haben einfach den entsprechenden Rahmen verdient. Kaufen Sie sich am besten ein hochwertiges Ledernotizbuch, bei dem Sie sich jedes Mal auf das haptische Erlebnis freuen, wenn Sie es öffnen. Als Schreibgerät empfehle ich Ihnen einen Füllfederhalter. Es muss nicht gleich das Meisterstück No. 149 von Montblanc sein, aber zumindest etwas, was das Schreiben zu einem besonderen Ereignis macht.

Und dann legen Sie los. Mehr als zehn Minuten täglich benötigen Sie nicht. Ich empfehle Ihnen ein einfaches, aber strukturiertes Vorgehen. Stellen Sie sich jeden Morgen die gleiche Frage: Welche drei Ziele will ich heute erreichen, was sind meine Prioritäten? Und abends fragen Sie sich: Für welche fünf Dinge des heutigen Tages bin ich besonders dankbar? Mithilfe dieser beiden Fragen wird Ihr Fokus messerscharf neu justiert.

Wenn Sie dies ein ganzes Jahr lang durchführen, geschehen besondere Dinge. Versprochen. Sie müssen es nur ausprobieren. Zusätzlich sollten Sie Ihre magischen Momente, Ihre Ideen und Ihre Erfolge zu Papier bringen. Nicht nur halten Sie diese Erfahrungen dadurch fest, sondern Sie gewinnen eine wesentlich größere Klarheit und regen Ihre Kreativität an. Diese Technik wird auch als Schreibdenken bezeichnet.

Werden Sie also zum Schreibtischtäter und führen Sie Ihr ganz persönliches Veränderungs-Journal (oder verwenden Sie meines, das ich im Jahr 2015 im GABAL Verlag herausgebracht habe). Denn Veränderungen geschehen niemals über Nacht, sondern benötigen Zeit. Und die tägliche Arbeit an Ihren Zielen, das Notieren Ihrer Erfolge und die Konzentration auf die schönen Dinge in Ihrem Alltag richten Ihren Fokus auf ein vollkommen neues Level. Wenn Sie heute damit beginnen, werden Sie in 365 Tagen nicht mehr der gleiche Mensch sein. Je mehr Sie Ihre eigenen Geschichten schreiben, desto mehr schreiben Sie Geschichte.

32. LIEBEN SIE, WAS SIE TUN

Roger Federer ist für mich der vollkommenste Tennisspieler aller Zeiten. Ich könnte ihm stundenlang zuschauen, wie er sich über den Platz bewegt und scheinbar mühelos die Bälle übers Netz drischt. Gleichzeitig hat er seine Konkurrenz über Jahre hinweg dominiert und hält gleich zwei Rekorde für die Ewigkeit. Er war für 302 Wochen die Nummer eins der Weltrangliste (davon 237 ohne Unterbrechung!), also 2114 Tage beziehungsweise fast sechs Jahre. Und er siegte sieben Mal in Wimbledon! Mehr als beeindruckend.

Vor einiger Zeit habe ich ein Interview mit Roger Federer gelesen, in dem er gefragt wurde, wie er seine großartigen Leistung über so einen langen Zeitraum aufrechterhalten konnte. Die Antwort des sympathischen Schweizers war einfach: »Ich liebe es, Tennis zu spielen. Es gibt für mich nichts Schöneres auf der Welt, als den ganzen Tag Tennis zu spielen. Wenn es regnet und ich einmal nicht spielen kann, dann kriege ich schlechte Laune. Sobald ich dann in der Halle den ersten Ball schlagen kann, bin ich wieder gut drauf. Warum ich so erfolgreich bin? Ich glaube nicht, dass es auf der ganzen Welt auch nur einen Menschen gibt, der Tennis so sehr liebt, wie ich es tue!«

Nennen Sie mich verrückt, aber ich bekomme beim Lesen solcher Aussagen eine Gänsehaut. Weil es mir wieder einmal wunderbar verdeutlicht, was passieren kann, wenn wir lieben, was wir tun. Natürlich ist Roger Federer auch mit einem einzigartigen Talent gesegnet und arbeitet jeden einzelnen Tag hart für seinen Traum. Aber ohne diese unbändige Leidenschaft hätte er es niemals so weit geschafft. Mir scheint, dies ist die wichtigste Eigenschaft, um Erfolg in allen Lebensbereichen zu haben. Wenn Sie lieben, was Sie tun, werden Sie dauerhaft richtig gut darin. Es geht gar nicht anders, denn die Liebe zu einem Job, einer Tätigkeit oder einer Sportart bringt zwangsläufig auch die Liebe zum Detail mit sich.

Es ist wie ein Sechser im Lotto, wenn Sie jeden Tag das tun können, was Sie lieben. Wenn Sie Ihre Leidenschaft zum Beruf machen und sich jeden Abend denken: »Wow, und dafür bekomme ich auch noch Geld.« Auf einmal haben Sie keinen Job mehr, sondern gehen einer Tätigkeit nach, die Ihr Herz mit Freude, Stolz und Zufriedenheit erfüllt. Und nicht jeder muss gleich der beste Tennisspieler der Welt werden.

Geben Sie immer Vollgas. Arbeiten, lieben und leben Sie mit Leidenschaft.

Nein, drücken Sie einfach Ihrem Umfeld den Stempel Ihrer Persönlichkeit auf. Werden Sie die beste Steuerberaterin, Unternehmerin oder Mutter und tun Sie das, was Sie aktuell tun, mit der größtmöglichen Leidenschaft. Sie sind es sich selbst schuldig, denn nichts ist frustrierender, als acht Stunden am Tag, fünf Tage die Woche und fünfzig Wochen im Jahr eine Arbeit auszuüben, die Sie auslaugt. Der frühere Apple-Chef Steve Jobs hat das wunderbar beschrieben, als er sagte: »(...) habe ich jeden Morgen in den Spiegel geschaut und mich selbst gefragt: Wenn heute der letzte Tag meines Lebens wäre, würde ich dann tun wollen, was ich mir heute vorgenommen habe zu tun? Und jedes Mal, wenn die Antwort zu viele Tage lang ›Nein‹ lautete, wusste ich, dass ich etwas ändern musste.« Besser kann man es nicht ausdrücken. Geben Sie immer Vollgas, arbeiten, lieben und leben Sie mit Leidenschaft. Ihre Ergebnisse werden es Ihnen danken.

33. ENTSCHEIDEN SIE SICH,
ZU ENTSCHEIDEN

Die für mich wichtigste Eigenschaft eines Unternehmers ist die Fähigkeit, zeitnahe und klare Entscheidungen zu treffen. Nichts ist für die aktive Gestaltung von Veränderung und Innovation wichtiger, als sich festlegen zu können. Oder zu wollen.

Wenn Chefs, Führungskräfte und Unternehmer nicht in der Lage sind, wichtige Entscheidungen zu treffen, dann liegt das selten an fehlendem Wissen oder mangelnden Fähigkeiten. Stattdessen lassen sie sich von der Angst vor einer Fehlentscheidung leiten und hoffen, dass sich ihre Probleme von allein lösen. Doch das tun sie leider niemals und nichts ist fataler als das aufgrund fehlender Entscheidungen entstehende Vakuum. Weil es zu Apathie, Stillstand und einem kaum noch aufholbaren Innovationsstau führt.

> **Wer ein erfolgreicher Unternehmer sein möchte, muss sich festlegen können. Im Kleinen wie im Großen.**

Schauen Sie sich die erfolgreichen Unternehmen verschiedenster Branchen an, und ich versichere Ihnen, dass Sie an den wichtigsten Positionen immer fähige Entscheider finden werden. Ich spreche nicht von diesen Wischiwaschi-Entscheidungen, die sich bei näherer Betrachtung eher als halbherzige Ankündigungen, fromme Wünsche oder vage Absichtsbekundungen herausstellen. Nein, ich spreche von echten Entscheidungen, die entsprechendes Commitment und eine konsequente Umsetzung nach sich ziehen.

Mit einer echten Entscheidung legen Sie sich im wahrsten Sinne des Wortes fest. Denn wenn Sie sich für etwas entscheiden, entscheiden Sie sich gleichzeitig auch immer gegen etwas. Das liegt in der Natur der Sache. Doch wenn Sie nicht wissen, was Sie wollen, können Sie nicht erwarten, dass Ihre Mitarbeiter, Kunden und Kollegen Ihnen folgen. Nein, wer ein erfolgreicher Unternehmer sein möchte, der muss ganz einfach in der Lage sein, sich festzulegen. Im Kleinen wie im Großen.

»Aber Ilja«, werden Sie jetzt womöglich einwenden, »ich bin mir manchmal so unsicher. Woher soll ich denn wissen, welche Entscheidung die richtige und welche die falsche ist?« Gar nicht. Das kann niemand. Das erfahren Sie immer erst hinterher, nachdem Sie sich entschieden haben. Halten Sie sich also besser an die Feststellung, die der von James Gandolfini gespielte Tony Soprano in der gleichnamigen Fernsehserie gemacht hat: »Eine falsche Entscheidung ist immer besser, als gar nicht zu entscheiden.« Und wer will schon einem Mafiaboss widersprechen?

Sie werden vor einer Entscheidung sowieso niemals wissen, welche Wahl die richtige sein wird. Treffen Sie daher die wichtigste Entscheidung von allen: Die Entscheidung, ab sofort immer eine Entscheidung zu treffen. Auch und ganz besonders, wenn Sie unsicher sind. Auf diese Weise geben Sie Ihrem Umfeld Orientierung, sorgen für Klarheit und Ihr Führungsstil wird verbindlicher.

34. WALK YOUR TALK

Vor vielen Jahren gab es in den Berliner Karstadt-Häusern eine gemeinsame Aktion. Jeder einzelne Verkäufer und Kassierer erhielt einen Ansteckbutton, auf dem in leuchtenden Buchstaben folgende Aussage zu lesen war: »Ich liebe meine Kunden!« Die Idee dahinter war durchaus gut gemeint: »Der Kundenservice liegt uns am Herzen und wir tun alles dafür, dass Sie sich bei uns wohlfühlen.« Doch wie so häufig ist das Gegenteil von »gut« nicht »böse«, sondern leider »gut gemeint«, und bereits nach wenigen Stunden hatte ich die ersten Beschwerden auf dem Tisch liegen. In Erinnerung ist mir ein Kommentar einer älteren Dame geblieben, die mir während des Gesprächs erklärte: »Wenn Ihre Kassiererin die Kunden so liebt, dann sollte sie das vielleicht auch mal ihrem Gesicht mitteilen.«

Die Aktion wurde einige Zeit später wieder beendet, denn wenn Sie ein Versprechen nicht dauerhaft halten können, dann geht der Schuss oftmals nach hinten los. Kunden lassen sich einfach nicht gerne ein X für ein U vormachen. Franklin Roosevelt hat dies perfekt beschrieben, als er sagte: »Im Leben gibt es etwas Schlimmeres als keinen Erfolg zu haben: Das ist, nichts unternommen zu haben.« Wie recht er doch hatte!

Sie kennen das aus dem Alltag. Immer wenn Menschen das eine sagen, aber das andere tun, dann empfinden wir sie als unecht, inkongruent und nicht vertrauenswürdig. Umgekehrt bewundern wir Menschen, die ihren Ankündigungen auch die entsprechenden Handlungen folgen lassen. Deren verbales und nonverbales Verhalten im Einklang stehen. Die das leben, was sie sagen.

Daher erscheint es fast schon wie eine Binsenweisheit, wenn ich Ihnen zurufe: »Walk your talk! Tun Sie, was Sie sagen!« Doch schauen Sie sich einmal um – Sie werden schnell feststellen, dass die wenigsten Unternehmer sich wirklich trauen, Authentizität, Integrität und Verlässlichkeit als zentralen Dreh- und Angelpunkt ihres Lebens zu definieren. Stattdessen eiert man herum, geht den Weg des geringsten Widerstands und entfernt sich dabei Schritt für Schritt von seiner eigenen Mitte. Tragisch, wie ich finde.

Reden Sie nicht, handeln Sie.

Ich würde mir wünschen, dass Sie einen Unterschied machen. Dass Sie sich das Versprechen geben, jedem Ihrer Worte auch die entsprechenden Taten folgen zu lassen. Dass Sie mit Ergebnissen und nicht mit Ankündigungen glänzen. Dass Sie sich trauen, Ihr Unternehmen auf dem Fundament von Integrität, Verlässlichkeit und Vertrauen aufzubauen. Oder in der Kurzform: Reden Sie nicht, handeln Sie! Kündigen Sie nicht an, sondern machen Sie! Versprechen Sie nicht, sondern liefern Sie ab! Und ich weiß, dass dies beileibe nicht so einfach ist, wie es klingt. Doch Sie werden schnell feststellen, dass Sie damit ein Alleinstellungsmerkmal besitzen.

35. KULTUR SCHLÄGT STRATEGIE

Wir leben in einer Zeit, in der die Veränderungen um uns herum immer schneller, intensiver und komplexer werden. Nichts wird in den nächsten Jahren wichtiger werden, als sich diesen wandelnden Rahmenbedingungen anzupassen. Doch das allein reicht noch nicht aus. Ich behaupte: Die aktive Gestaltung von Veränderung wird die wichtigste Schlüsselkompetenz der Zukunft sein, und die Unternehmen, die sich trauen, rechtzeitig alte (und meistens lieb gewonnene) Zöpfe abzuschneiden, werden als Gewinner triumphieren.

Viele Firmenlenker haben sich daher das Thema Changemanagement auf die Fahnen geschrieben und bilden temporäre Projektteams, setzen mehr oder weniger (okay, meistens mehr) komplizierte Prozesse auf und schulen ihre Mitarbeiter in den neuesten Veränderungsmethoden. Das ist grundsätzlich auch gut so, denn gerade in großen Organisationen sind klare Strukturen einfach unabdingbar. Aber es reicht bei Weitem nicht aus. Der alles entscheidende Faktor ist nämlich ein vollkommen anderer.

> Eine Kultur der Innovation schlägt jede noch so ausgetüftelte Strategie.

Wenn Sie in Ihrem Unternehmen erfolgreich Veränderungen gestalten wollen, dann machen Sie sich immer wieder klar: Eine Kultur der Innovation, der Offenheit und des Muts, neue Wege zu gehen, schlägt jede noch so ausgetüftelte Strategie um Längen. Es ist das Mindset jedes einzelnen Mitarbeiters – vom Pförtner bis zum Geschäftsführer –, das am Ende einen Unterschied macht. Erst wenn die Menschen die anstehenden

Veränderungen nicht mehr als etwas Bedrohliches verstehen, sondern als großartige Möglichkeit, besser zu werden, dann werden Sie auch langfristigen Erfolg haben. Erst wenn die Denkweise, die Entscheidungen und die Handlungen nicht länger auf Probleme, sondern auf Chancen fokussiert sind, wird Ihr Unternehmen sich vom Wettbewerber abheben. Die Kultur macht den entscheidenden Unterschied.

Es lohnt sich also, täglich daran zu arbeiten. Klare und verbindliche Werte zu etablieren. Eine anziehende Firmenvision zu formulieren. Und in Ihr wichtigstes Gut zu investieren: die Unternehmenskultur. Denn sie ist nichts anderes als die Summe aller Haltungen der einzelnen Menschen im Unternehmen. Lassen Sie Ihre Mitarbeiter spüren, wie sehr Sie ihren Beitrag schätzen. Legen Sie Wert auf klare Führung. Schaffen Sie Raum für Individualität und persönliche Weiterentwicklung. Halten Sie Schulungen, Trainings und Fortbildungsmaßnahmen ab. Schnell werden Sie feststellen, wie sehr sich diese Maßnahmen auszahlen werden.

Denn von einem können Sie ausgehen: Wenn Sie gut sind, dann werden Ihre Wettbewerber alles kopieren. Ihre Produkte und Dienstleistungen. Ihre Preise und Ihre Marketingmaßnahmen. Doch sie werden niemals in der Lage sein, Ihre Kultur zu kopieren. Denn diese ist einzigartig. Sie zu erschaffen geht nicht über Nacht und erfordert Herz, Seele und eine Menge Arbeit. Aber es lohnt sich. Kreieren Sie eine Kultur der Veränderung und nutzen Sie den größten Wettbewerbsvorteil, den ein Unternehmen in der heutigen Zeit haben kann.

36. MENSCHLICH IST DAS NEUE »COOL«

Heute hatte ich eine Telefonkonferenz mit einem Unternehmen, für das ich in ein paar Wochen einen Vortrag halte. Anwesend war die gesamte Vertriebsleitung und schon in den ersten Minuten des Gesprächs ist mir die lockere und herzliche Stimmung aufgefallen. Sämtliche Führungskräfte waren auf ihrem Gebiet absolute Experten und wussten auch ganz genau, was sie wollten. Doch gleichzeitig waren sie auf dem Boden geblieben, scherzten viel und gaben auch persönliche Dinge von sich preis.

Als sie mir dann ihre überdurchschnittlichen Zahlen präsentierten, verwunderte mich dies ganz und gar nicht. Denn diese Beobachtung habe ich in der letzten Zeit häufig gemacht: An der Spitze der erfolgreichsten Unternehmen stehen schon lange nicht mehr die unnahbaren, distanzierten und vermeintlich coolen Hardliner. Ganz im Gegenteil. Der moderne Chef von heute zeigt sich von seiner persönlichen Seite. Öffnet sich und kommuniziert mit jedem einzelnen Mitarbeiter auf Augenhöhe.

Doch leider hat sich das noch nicht in allen Organisationen herumgesprochen. Viel zu viele Unternehmer haben heute immer noch die Vorstellung, dass man als Chef vor allem eins sein müsse: cool. Dies zeigt sich dann meist in einer sachlichen Form der Kommunikation, einem auf Druck und Angst basierenden Führungsstil und einem komplett fehlenden Humor.

Aber warum ist das so? Warum meinen so viele Manager auch heute noch, dass sie im Business den harten Hund heraushängen lassen müssten, obwohl sie privat eigentlich ganz anders sind? Der Grund ist ganz einfach. Weil sie dem Irrglauben erliegen, dass sich zu öffnen ein Zeichen von Schwäche sei. Dass sie sich angreifbar und verletzbar machen würden. Dass eine zu persönliche Art der Kommunikation einen Mangel an Respekt nach sich ziehen müsse.

Aber diese Annahme könnte falscher nicht sein. Seit wann ist denn bitte schön Respekt eine Frage von persönlicher Nähe? Seit wann ist eine offene Art ein Zeichen von Schwäche? Das Gegenteil ist der Fall und ich behaupte: Nicht Distanz ist cool. Nicht Druck ist cool und auch nicht andere Menschen von oben herab zu behandeln ist cool. Nein. Menschlich ist das neue »cool«. Und Chefs, die sich trauen, auch ihre persönlichen Seiten zu zeigen, werden zu den Gewinnern der Zukunft gehören.

Je menschlicher Sie auch als Chef bleiben, desto mehr Erfolge werden Sie im Business feiern können.

Lassen Sie sich also nichts erzählen. Seien Sie echt. Seien Sie auch einmal verletzlich. Und lachen Sie gemeinsam mit Ihren Teams. Je mehr Sie zu einem greifbaren Wesen, zu einem Chef mit all seinen Stärken und Schwächen werden, desto mehr Erfolge werden Sie auch im Business feiern können. Menschlich ist schon lange das neue »cool«. Und »cool« gewinnt.

37. DAS DILEMMA DER GROSS-ARTIGKEIT

Darf ich Sie etwas fragen? Wovon träumen Sie? Was möchten Sie in Ihrem Leben noch alles erreichen? Wie soll Ihre Karriere, Ihr privates Glück und Ihre gesundheitliche Situation in den nächsten Jahren aussehen?

Ich würde mir wünschen, dass Sie sich niemals mit dem Erstbesten zufriedengeben. Mit dem, was alle tun. Dem Weg des geringsten Widerstands. Vielmehr sollten Sie sich auf den Weg zu Ihrer eigenen Großartigkeit machen und sich nur mit dem bestmöglichen aller Ergebnisse einverstanden erklären. Doch dies klingt leichter, als es tatsächlich ist, denn sobald Sie beginnen, Ihre Träume in die Tat umzusetzen, befinden Sie sich innerhalb kürzester Zeit im Dilemma der Großartigkeit. Was ich damit meine? Winston Churchill hat einmal gesagt: »Der Preis der Größe heißt Verantwortung.« Ich habe oft den Eindruck, dass unsere eigene Größe, unsere Großartigkeit das weiß und uns daher ganz genau prüft, ob wir für die Übernahme dieser Verantwortung auch bereit sind. Und zwar auf zwei vollkommen unterschiedliche Arten.

> Die Reise zu Ihrer eigenen Großartigkeit erfordert einen klaren Fokus, Reflexion und Mut.

Es mag Sie erstaunen, aber die meisten Schwierigkeiten, die eigenen Träume auszuleben, haben Menschen, die bereits recht erfolgreich sind. Weil das Gute der Großartigkeit im Weg steht. Weil man irgendwann ein gewisses Niveau erreicht hat und sich damit zufriedengibt.

Man ist zwar noch nicht da, wohin man eigentlich wollte, doch schon wesentlich erfolgreicher als der Durchschnitt. Obwohl man ursprünglich mehr wollte, gibt man sich mit einem guten Job, einer guten Beziehung und einem guten Leben zufrieden. Und verpasst es damit, die eigene Großartigkeit zur Gänze zu erreichen. Das ist tragisch. Ich möchte Sie fragen: Sind Sie manchmal zu gut, um großartig zu sein?

Die andere Seite des Dilemmas ist fast noch tragischer. Viele Menschen träumen nämlich bereits so sehr von der eigenen Großartigkeit, dass sie es versäumen, in ihrem aktuellen Job gut zu sein. Sie geben als Verkäufer, Abteilungsleiter oder Außendienstler nicht mehr ihr Bestes, weil sie meinen, dass sie eigentlich zu Höherem berufen sind. Kennen Sie das auch? Tappen Sie bitte nicht in diese Falle. Geben Sie dort, wo Sie jetzt stehen, Vollgas. Oder um es mit den Worten von Martin Luther King zu sagen: »Wenn du dazu berufen bist, Straßen zu kehren, dann kehre sie, wie Michelangelo Bilder malte oder Beethoven Musik komponierte oder Shakespeare dichtete. Kehre die Straße so gut, dass alle im Himmel und auf Erden sagen: ›Hier lebte ein großartiger Straßenkehrer, der seine Aufgabe gut gemacht hat!‹«

In diesem Sinne: Werden Sie auf dem Weg zu Ihrer Traumzukunft niemals zu bequem, aber fühlen Sie sich gleichzeitig auch nicht zu groß, um Ihren aktuellen Tätigkeiten mit Verantwortung gerecht zu werden. Die Reise zu Ihrer eigenen Großartigkeit erfordert einen klaren Fokus, regelmäßige Reflexion und eine gehörige Portion Mut. Doch wenn Sie mich fragen, dann gibt es nichts Schöneres, als dieses Wagnis einzugehen.

38. KEINE ANGST VOR FEHLERN

Haben Sie sich schon einmal gefragt, warum manche Unternehmen erfolgreich sind, Jahr für Jahr ihre Marktanteile steigern und eine unwiderstehliche Marke aufbauen, während andere unter fast identischen Rahmenbedingungen pleitegehen? Es gibt eine klare und eindeutige Antwort. Es liegt an der jeweiligen Fehlerkultur. Nichts hat einen so starken Einfluss auf die Resultate einer Organisation wie der individuelle Umgang mit Fehlern. Die Angst davor, etwas falsch zu machen, lähmt massiv. Man fürchtet sich vor negativen Konsequenzen, Ärger mit den Vorgesetzten oder dem peinlichen Gefühl, vor den Kollegen doof dazustehen. So tut man lieber gar nichts. Denn wer nicht handelt, macht auch keine Fehler. Und wer keine Fehler macht, muss auch keine Angst haben. Doch der Denkfehler in dieser Argumentationskette wird sehr schnell deutlich: Auf diese Weise werden Innovationen verhindert, wichtige Entscheidungen verzögert und im besten Fall der Stillstand verwaltet. Meist ist es aber der Anfang vom Ende eines Unternehmens.

Zum Glück gilt der kausale Zusammenhang zwischen Fehlerquote und Erfolg auch umgekehrt. Vom Autor Robert Kiyosaki stammen die Worte: »Gewinner haben keine Angst davor, zu verlieren. Fehler sind nun einmal Teil des Prozesses, wenn man Erfolg haben will« und »Menschen, die Fehler verhindern wollen, verhindern gleichzeitig ihren Erfolg«. Daraus folgt: Je mehr Fehler Sie auf Ihrem Weg machen, desto erfolgreicher werden Sie sein.

Ja, Sie haben richtig gehört. Die Anzahl Ihrer Fehler ist ein direkter Spiegel Ihres Erfolgs in allen Lebensbereichen. Wer handelt, verändert sich aktiv. Wer mutige Entscheidungen trifft, wird besser. Und nur wer viele Alternativen ausprobiert, findet irgendwann die richtige. Auf diesem Weg passieren zwangsläufig Fehler und Misserfolge. Über jeden einzelnen sollten Sie sich freuen, denn er ist für Sie ein Feedback. Wichtig ist einzig und allein, dass Sie aus Ihren Fehlern lernen und sie nicht wiederholen. Mit jeder dieser Erfahrungen werden Sie wachsen, sich weiterentwickeln und erfolgreicher werden.

Die Geschichte ist voller Beispiele von Menschen, die sich erfolgreich nach oben gescheitert haben. Arianna Huffingtons zweites Buch wurde von sechsunddreißig Verlagen abgelehnt, bevor sie mit *The Huffington Post* eines der wichtigsten Medien unserer heutigen Zeit schuf. Harland Sanders, der Gründer von *Kentucky Fried Chicken*, bekam von 1009 Banken ein Nein, als er Ihnen seine Geschäftsidee präsentierte. Und auch der berühmte Regisseur Steven Spielberg wurde drei Mal an der Filmschule abgelehnt, bevor ihm mit Filmen wie *E.T.*, *Der Weiße Hai* oder *Jurassic Park* der große Durchbruch gelang.

> **Je mehr Fehler Sie auf Ihrem Weg machen, desto erfolgreicher werden Sie sein.**

Ich wette, auch Sie kennen aus Ihrem Leben Beispiele, wo Sie erst durch einen Misserfolg oder einen Fehler zum entscheidenden Durchbruch gelangt sind. Erlauben Sie sich und den Menschen um Sie herum, so viele Fehler wie möglich machen zu dürfen. Und dann halten Sie es mit Paulo Coelho: »Es gibt nur eine Sache, die deinen Traum unmöglich macht: die Angst vor dem Scheitern.«

39. STERBEN SIE TÄGLICH

Wichtige Frage: Wie häufig denken Sie über den Tod nach? Ich tue dies in letzter Zeit häufiger. Viele Menschen in meinem Umfeld sind gestorben, auch so manches meiner Idole weilt nicht mehr unter uns (Udo, Lemmy, David, Muhammad, Götz, Carlo und all die anderen ... wir vermissen euch; 2016 war in dieser Beziehung wirklich ein heftiges Jahr). Je älter ich werde, desto mehr ist der Tod kein abstraktes Konzept mehr, sondern etwas, womit ich mich regelmäßig beschäftige. Denn eines ist so sicher wie das Amen in der Kirche: Keiner kommt hier lebend raus. Doch diese Tatsache wird sehr vielen Menschen leider erst am Ende ihres Lebens bewusst. Meine Großmutter ist vierundneunzig Jahre alt und lebt seit Kurzem in einem Pflegeheim für Demenzkranke. Jedes Mal, wenn ich sie besuche, bin ich traurig, dass wir so wenig Zeit miteinander verbracht haben. Es war einfach selbstverständlich, dass sie immer da war. Nun ist es zu spät, die verlorene Zeit kommt nicht wieder.

Im letzten halben Jahr haben ihre Zimmernachbarn dreimal gewechselt, aber eines war bei allen gleich. Auf der Kommode am Bett standen Fotos von Menschen. Keine Bilder von Autos, Klamotten oder Smartphones, sondern von Ehefrauen, von Kindern und von Freunden. Kurz vor dem Tod erinnern sich die Menschen, worauf es ankommt. Was wirklich wichtig ist. Und häufig bereuen sie dann, nicht genug Risiken gewagt, nicht intensiv genug gelebt und nicht mehr Vollgas gegeben zu haben. Voller Sehnsucht denkt man an die vielen verpassten Chancen, nicht gelebten Träume und sinnlos verplemperten Tage. Und ärgert sich. Über sich selbst und die eigene passive Lebensführung. Dass man viel zu häufig nur funktioniert hat und ein angepasstes Schaf in der großen Herde war. Denn ist es nicht so? Wirklich niemand sagt kurz vor seinem letzten Atemzug: »Ich wünschte, ich hätte mehr Zeit im Büro verbracht.«

Ich möchte Sie daher für eine verrückte Idee begeistern: Sterben Sie jeden Tag und wachen Sie morgens in dem Bewusstsein auf, dass Ihre Zeit auf dieser Welt endlich ist. Und dies ist beileibe keine dieser kuscheligen Motivationsphrasen, sondern eine Erinnerung, jeden einzelnen Tag Ihres Leben so zu leben, als ob es der letzte wäre. Ihre Träume aus der Schublade zu holen und mit der Umsetzung zu beginnen. Leben Sie intensiv, als ob es kein Morgen geben würde. Lachen Sie. Lieben Sie. Lernen Sie die Dinge wertzuschätzen, die wir so häufig für selbstverständlich halten. Denn um Ihr Leben in vollen Zügen auskosten zu können, benötigen Sie keine Schicksalsschläge, Krankheiten oder Todeserfahrungen.

> **Beginnen Sie jeden Tag mit dem Wissen, dass Ihre Zeit auf dieser Welt endlich ist.**

Und wenn Ihnen ein weiterer Tag auf dieser wundervollen Erde geschenkt wird, dann machen Sie es morgen wieder. Aber vergessen Sie bitte nicht, noch eine Schippe draufzulegen.

Leadership und Führung, die Veränderung berücksichtigen, sind die Erfolgsfaktoren in einer sich wandelnden Zeit. Die Unternehmen sehen sich heute vollkommen anderen Herausforderungen gegenüber, als es noch vor wenigen Jahren der Fall war. Technologische Innovationen, neue digitale Vertriebskanäle, der Wandel von der Produktions- zur Informationsgesellschaft und die immer stärker zunehmende Vernetzung der globalen Märkte haben eines besonders deutlich werden lassen: Fachliche Qualifikationen machen nur noch zwanzig Prozent des Unternehmenserfolges aus. Die anderen achtzig Prozent hängen von den Leadership-Qualitäten der Führungskräfte ab. Nur wenn es gelingt, eine gemeinsame Kultur der Veränderung zu etablieren, wird ein Unternehmen langfristig am Markt bestehen können. Dies gilt für große Konzerne genauso wie für den mittelständischen Betrieb und das Internet-Start-up.

> Führen Sie auch ohne offiziellen Titel.

Doch was verbirgt sich überhaupt hinter diesem so häufig verwendeten Begriff? Ich möchte Ihnen gerne meine Definition vorstellen: »Leadership ist die Fähigkeit, einer Gruppe von Menschen eine (neue) Vision und Richtung zu geben, sodass diese sich mit dem Ziel und der Haltung aktivierend identifizieren können. Ein guter Leader ist in der Lage, diese Vision nicht nur sprachlich attraktiv zu formulieren, sondern sie auch mit Werten und Überzeugungen zu füllen und – die wichtigste Voraussetzung von allen – sie durch das eigene Handeln vorzuleben.«

Daraus wird deutlich, dass Führung eben kein Titel auf einer Visitenkarte, eine hierarchische Position oder ein goldenes Schild an der Tür des gläsernen Eckbüros ist. Nein, diese Aspekte sind nur die äußeren Faktoren, die Ihnen die Möglichkeit geben, Leadership zu leben. Es geht allerdings auch ohne. Denn unter dem Strich ist Führung eine innere Haltung. Und die Fähigkeit, andere Menschen für diese Haltung zu begeistern.

Weil dies so ist, kann wirklich jeder ein Leader sein. Der Busfahrer genauso wie die Verkäuferin oder Kassiererin. Martin Luther King hat die entsprechende Haltung wunderbar auf den Punkt gebracht: »Die ultimative Bewertung eines Menschen findet nicht dann statt, wenn er es sicher und bequem hat, sondern dann, wenn er sich in unsicheren und schweren Zeiten befindet.« In jedem Unternehmen, in dem ich tätig bin, gebe ich den Menschen eine Botschaft mit auf den Weg: »Führen Sie auch ohne offiziellen Titel. Übernehmen Sie an Ihrem Platz Verantwortung. Und begeistern Sie Ihre Kollegen, es Ihnen gleichzutun.«

Sind Sie dazu bereit? Entscheiden Sie sich dafür, auch in unsicheren und schweren Zeiten voranzugehen? Nichts würde mein Herz mehr mit Freude erfüllen, denn die Welt kennt genug Mitläufer, die sich auf Meckerei, Zynismus und Duckmäusertum beschränken. Sie wunscht sich nichts so sehr wie begeisterungsfähige Leader, die den Wandel aktiv gestalten, Verantwortung für sich und andere übernehmen und auf diese Weise die Welt jeden Tag ein kleines Stückchen besser machen.

41. GROSS TRÄUMEN –
MUTIG HANDELN

Wann haben Sie das letzte Mal geträumt? Ich meine so richtig grenzenlos. Wie? Das machen Sie gar nicht mehr, weil Sie sich längst mit der Realität arrangiert haben? Dann möchte ich Sie gerne dafür begeistern, so viel, so mutig und so groß wie möglich zu träumen. Sich Ihre eigene Zukunft in den buntesten Farben in Ihrem Kopf auszumalen. Von Walt Disney stammt das berühmte Zitat: »If you can dream it, you can do it.« Er hat den Nagel damit auf den Kopf getroffen.

Sämtliche Erfindungen der Menschheitsgeschichte begannen irgendwann einmal mit einem Traum. Das Rad. Der Buchdruck. Das iPhone. Oder auch das alles verändernde Internet. Jede dieser Ideen wurde anfangs durch die Bank weg als Spinnerei, Blödsinn oder realitätsfremd abgetan. Doch zum Glück ließen sich die Urheber dieser grandiosen Erfindungen davon nicht abhalten, weil Sie sich von ihren Träumen leiten ließen und sich auf Chancen und Möglichkeiten konzentrierten.

Dem Vater der Glühbirne, Thomas Alva Edison, wird beispielsweise nachgesagt, dass er über 1000 Fehlversuche produzierte, bevor die erste funktionierende Version entstand. Und nun stellen Sie sich einmal vor, er hätte nach den ersten drei Misserfolgen auf die vielen Nörgler, Kritiker und Besserwisser gehört. Hätte auf Ratschläge wie »Das klappt doch nie«, »Braucht kein Mensch« oder »So etwas schafft niemand« gehört. Wir würden bis heute mit Kerzen in unseren Wohnzimmern sitzen. Doch zum Glück ließ sich Edison davon nicht beeindrucken und auch nach dem tausendsten Fehlversuch entgegnete er seinen Kritikern voller Stolz: »Ich bin nicht gescheitert. Ich habe lediglich 10 000 Möglichkeiten gefunden, wie es nicht funktioniert.« Eine coole Strategie.

Noch genialer war sein großer Konkurrent, der brillante Nikola Tesla. Er hatte so unglaublich viele Idee und Visionen, die der damaligen Zeit weit voraus waren. Und diese Ideen entwickelte er zuallererst in seinem Kopf. Dort nahm er an seinen Maschinen, Generatoren oder Spulen unzählige kleine Veränderungen vor, bis sie reibungslos funktionierten. Erst dann baute er die exakt gleiche Maschine. Es bedarf wohl keiner weiteren Erwähnung, dass der reale Nachbau genauso gut funktionierte wie die Gedankenkonstrukte Teslas.

Träumen Sie also groß und mutig. Aber handeln Sie auch entsprechend, sonst werden aus Ihren Träumen schnell Schäume. Der ehemalige tschechische Präsident Václav Havel hat das schön formuliert, als er sagte: »Eine Vision alleine ist nicht genug, sie muss auch mit Risikobereitschaft kombiniert werden. Es ist nicht genug, die Treppe hinaufzustarren, wir müssen sie auch hinaufgehen.« Das ist die Strategie, die auch Sie anwenden sollten. If you can dream it, you can do it. Aber noch ein Wort der Warnung. Seien Sie vorsichtig bei der Wahl Ihrer Träume! Sie könnten Realität werden!

> **Träumen Sie groß und mutig. Und handeln Sie entsprechend.**

42. WECHSELN SIE DIE PERSPEKTIVE

Während ich diese Zeilen schreibe, sitze ich in meinem Hotelzimmer in Nizza. Ich bin glücklich. Warum erzähle ich Ihnen das? Ganz einfach! Hätten Sie mich gestern erlebt, dann hätte ich einen anderen Eindruck auf Sie gemacht. In Berlin hat der Winter wieder einmal besonders hart zugeschlagen und die eisige Stimmung der Stadt übertrug sich irgendwie auf mein Gemüt. Nun bin ich seit vielen Jahren mal wieder an der Côte d'Azur und ich habe die milden Temperaturen für ein gemütliches Läufchen an der Promenade genutzt. Und schon nach wenigen Momenten spürte ich, wie die Lebensenergie zurückkehrte. Mit jedem einzelnen Schritt fühlte ich mich lebendiger und sog die fantastische Atmosphäre der Stadt mit jeder Faser meines Körpers auf. Wieder einmal wurde ich daran erinnert, wie wichtig es im Leben doch ist, die Perspektive zu wechseln. Sowohl geistig als auch körperlich.

Wie oft habe ich schon Situationen in meinen Coachings erlebt, in denen nichts mehr zu gehen schien. Der Weg aus dieser Sackgasse war so gut wie immer ein Wechsel der Perspektive. Sie können sich gar nicht vorstellen, was ein kurzer Spaziergang, eine kurze Pause in der Küche oder sogar nur ein anderer Sitzplatz alles bewegen können.

Hier ist die wichtige Idee dahinter: Wenn wir uns neuen äußeren Reizen aussetzen, dann passiert auch in unserem Inneren etwas. Wenn wir uns körperlich bewegen, dann bewegen sich auch unsere Gedanken. Wenn wir uns äußerlich verändern, dann verändern wir uns automatisch auch innerlich. Natürlich gilt das auch umgekehrt, denn unser Körper und unser Geist sind nun mal zwei Teile ein und desselben Systems.

Mir persönlich kommen die besten Ideen beim Autofahren und beim Joggen (ich glaube über die Hälfte der Kapitel dieses Buches habe ich in Gedanken beim Laufen geschrieben, bevor ich sie zu Papier gebracht habe). Weil ich in diesen Momenten nicht in einem statischen Zustand gefangen bin, sondern die Bewegung dafür sorgt, dass meine Kreativität maximal stimuliert wird. Ich denke anders, betrachte meine aktuellen Vorhaben aus den unterschiedlichsten Perspektiven und lasse meine Gedanken fließen. Über die Ergebnisse bin ich jedes Mal wieder erstaunt.

Sie können sich dieses Prinzip ebenfalls zunutze machen. Wann immer Sie vor einer Herausforderung stehen, in einer Sackgasse stecken oder eine wichtige Entscheidung treffen müssen: Ändern Sie Ihre Perspektive! Verreisen Sie in eine fremde Stadt, gehen Sie während einer wichtigen Verhandlung gemeinsam spazieren (auf diese Weise haben Ronald Reagan und Michail Gorbatschow nach stundenlangem Stillstand während der Friedensverhandlungen 1985 den großen Durchbruch erzielt) oder nehmen Sie eine wichtige Aufgabe mit auf eine Joggingrunde. Sobald Sie sich neuen äußeren Reizen aussetzen, wird Ihre Denkweise nicht mehr die gleiche sein.

Stillstand? Ändern Sie Ihre Perspektive!

Ja, ich meine das wirklich ernst mit dieser Überschrift. Und ich bin mir durchaus bewusst, dass sie gegen alle Parolen verstößt, die man Ihnen tagtäglich einreden will. Aber es stimmt tatsächlich. Geld kann glücklich machen. Wenn man es richtig ausgibt. Das Ganze ist mittlerweile sogar wissenschaftlich bewiesen. Im Jahr 2011 wurde im *Journal of Consumer Psychology* eine an der Harvard-Universität durchgeführte Studie veröffentlicht. Der Titel: »Wenn Geld Sie nicht glücklich macht, dann geben Sie es vermutlich falsch aus.«

So ist es. Vor ein paar Jahren habe ich mit meiner großen Tochter Emma den Urlaub in Los Angeles verbracht. Wir haben in einem tollen Hotel direkt am Strand gewohnt, sämtliche Vergnügungsparks besucht und sind in einem Ford Mustang durch die wunderschöne Landschaft Kaliforniens gefahren. Am Ende unserer gemeinsamen Zeit habe ich sie dann gefragt, was ihr persönliches Highlight des Urlaubs war. Ihre verblüffende Antwort: »Ganz einfach, Papa, das waren die Marshmallows, die wir abends immer ins Feuer gehalten haben.«

Und genau darin liegt das große Geheimnis, wenn Sie sich glücklich kaufen wollen. Kaufen Sie keine Dinge, sondern Erlebnisse, unvergessliche Erfahrungen und gemeinsame Unternehmungen mit den Menschen, die Sie lieben. Aber Obacht, ich möchte auf keinen Fall zur Besitzlosigkeit aufrufen. Dafür konsumiere ich viel zu gerne. Doch Sie sollten sich nur die Dinge leisten, die Ihr Leben bereichern, an denen Sie sich erfreuen und die Ihnen den Alltag schöner machen. Wenn dies der Fall ist, kaufen Sie sich gerne so viele Autos, Uhren und Klamotten, wie Sie mögen. Sollten Sie diese Produkte allerdings brauchen, um Ihren Selbstwert zu steigern, Ihre Freunde zu beeindrucken oder Ihre Probleme zu kompensieren, dann können Sie sicher sein, dass Sie dadurch niemals glücklicher werden. Oder um es mit den Worten von Tyler Durden aus dem Film *Fight Club* zu sagen: »Von dem Geld, das wir nicht haben, kaufen wir Dinge, die wir nicht brauchen, um Leuten zu imponieren, die wir nicht mögen.« Da ist was dran, oder?

Was hingegen unbeschreiblich glücklich macht, sind magische Momente. Und davon sollten Sie sich so viele wie möglich verschaffen. Die meisten davon sind sowieso kostenlos, aber manche kann man auch kaufen. Was macht Sie glücklich? Ist es ein Tauchkurs auf den Malediven, eine Klettertour in den Alpen oder ein romantisches Dinner in Ihrem Lieblingsrestaurant?

Kaufen Sie keine Dinge, sondern Erlebnisse.

Was auch immer es ist, gönnen Sie sich, so oft es geht, ein Erlebnis, das Ihnen Kraft gibt und Freude bereitet. Denn von diesen Erinnerungen zehren wir oft ein komplettes Jahr lang, ja manchmal ein ganzes Leben. Und dann gilt es, die wichtigste Ausgabe zu tätigen. Diese hat der Autor Richard Bach wunderbar beschrieben: »Der beste Weg, um für einen wunderbaren Moment zu bezahlen, ist, ihn zu genießen.« Dem ist nichts mehr hinzuzufügen.

44. SCHLAGEN SIE EINE DELLE INS UNIVERSUM

Es ist sechs Uhr morgens und ich sitze bei uns zu Hause am Küchentisch. Ich liebe diese Zeit, denn während die meisten Menschen noch schlafen, habe ich grundsätzlich meine kreativsten Phasen. Bevor ich begonnen habe, dieses Kapitel zu schreiben, habe ich gemütlich einen Kaffee getrunken und dazu das neueste Album von *Alle Farben* gehört.

Der perfekte Soundtrack für diesen wunderbaren Morgen. Und ich habe nachgedacht. Über mein Leben, meine Zukunft und all die Träume, die ich mir noch erfüllen will. Über meine Mission im Leben. Denn ich bin der festen Überzeugung, dass jeder einzelne Mensch aus einem bestimmten Grund auf dieser Erde weilt.

Schlagen wir eine Delle ins Universum!

Als ich vor einigen Jahren Udo Jürgens an einer Ampel in New York traf, habe ich ihn nach dem Geheimnis seines riesigen Erfolgs gefragt. Und seine Antwort lässt mich noch heute eine Gänsehaut bekommen. Er sagte nämlich: »Es geht immer um die eigene Lebensvision. Um eine Mission. Finden Sie Ihr persönliches New York im Leben. Und dann tun Sie alles dafür, um genau dorthin zu kommen.«

Natürlich spielte er damit auf seinen großen Hit *Ich war noch niemals in New York* an, und die Botschaft ist eindeutig: Der eigentliche Sinn des Lebens ist, etwas zu finden, das größer ist als man selbst. Größer als die eigenen Ziele. Größer als die eigenen Träume. Und dann geht es darum, sich dieser Mission jeden einzelnen Tag mit Haut und Haaren zu verschreiben. Der große Steve Jobs hat dies vor vielen Jahren bei Apple mit folgenden Worten zusammengefasst: »Wir sind hier, um eine Delle ins Universum zu schlagen.«

Und genau darum geht es doch, nicht wahr? Einen Unterschied zu machen. Andere Menschen zu bewegen, zu berühren und positiv zu beeinflussen. Eine so große Delle ins Universum zu schlagen, dass es von der Urkraft erschüttert wird. Die Welt ein kleines Stückchen besser zu verlassen, als wir Sie vorgefunden haben.

Sie finden das ein wenig zu anspruchsvoll? Das mag sein. Aber ich will mir am Ende meines Lebens auf keinen Fall vorwerfen lassen, dass ich es nicht versucht und stattdessen den Weg der Bedeutungslosigkeit gewählt hätte. Wofür entscheiden Sie sich? Welchen Unterschied werden Sie machen? In Ihrem täglichen Job, in Ihrer Familie, in Ihrem sozialen Umfeld, in Ihrem eigenen Leben?

Ich wünsche mir, dass Sie Ihr persönliches New York finden. Und dann jeden Tag alles dafür tun, um dorthin zu kommen. Und bevor Sie sichs versehen, werden Sie feststellen, dass es gar nicht so weit weg ist, sondern sich bereits tief in Ihnen befindet. In diesem Sinne: Schlagen Sie jeden Tag eine große Delle ins Universum.

45. WAGEN SIE DEN WIDERSTAND

Nein, keine Sorge, mit dieser Überschrift möchte ich Sie nicht anstiften, eine Revolution anzuzetteln. Obwohl – eigentlich doch. Und zwar Ihre ganz persönliche. Ich würde mir wünschen, dass Sie den Mut aufbringen, gegen Zwänge, auferlegte Dogmen und fremdbestimmte Ziele vorzugehen und stattdessen Ihre eigenen Träume zu leben. Dass Sie der William Wallace Ihres eigenen Lebens werden und andere Menschen mit Ihrer Begeisterung mitreißen. Dass Sie sich entscheiden, Ihr volles Potenzial zu nutzen und sich auf den Weg zu Ihrer eigenen Großartigkeit zu machen. Und Ihre wichtigste Waffe in diesem revolutionären Kampf ist die permanente Veränderung. Denn wenn Sie nicht beginnen, anders zu denken, zu entscheiden und zu handeln, dann wird alles beim Alten bleiben. Der Stillstand wird Ihr Leben dominieren.

> **Wenn Sie nicht anders denken, entscheiden und handeln, wird alles beim Alten bleiben.**

Wir können es drehen und wenden, wie wir wollen. Wenn wir andere Ergebnisse in unserem Leben haben wollen, dann müssen wir uns aktiv verändern. Niemand wird uns das abnehmen. Oder wie Barack Obama es so schön formulierte: »Veränderung geschieht nicht, indem wir auf andere Menschen oder eine andere Zeit warten. Wir selber sind diejenigen, auf die wir gewartet haben. Wir sind die Veränderung, nach der wir suchen.« Ein kluger Mann, der ehemalige amerikanische Präsident.

Doch was sich auf dem Papier so leicht und locker anhört, ist in der Praxis leider oft sehr mühsam. Denn ist es nicht so, dass wir uns schon bei den kleinsten Veränderungen sehr schwertun? Und je größer unsere Vorhaben werden, desto schwieriger wird es. Weil die Angst vor dem Unbekannten uns den Status quo in den buntesten Farben und mit den blumigsten Worten schmackhaft machen will. Gerade dann heißt es durchzuhalten, denn es gelten zwei grundlegende Prinzipien:

1. Die Veränderungen, die wir am meisten fürchten, bringen die größten Durchbrüche.
2. Je näher Sie diesen Durchbrüchen sind, desto größer wird der innere Widerstand, mit dem Sie zu kämpfen haben.

Wie häufig habe ich es erlebt, dass ein Coaching-Kunde kurz vor seinem großen Durchbruch krank wurde, plötzlich einen Termin wahrnehmen musste oder beschlossen hatte, nicht mehr weitermachen zu wollen. Diese innere Selbstsabotage passiert auf unbewusster Ebene, und wir finden immer einen rationalen Grund, warum wir genau richtig gehandelt haben. Aber unterm Strich ist es für uns eine bequeme Ausrede, warum wir die Veränderung dann doch nicht zu Ende bringen müssen. Und glauben Sie mir, je größer eine Veränderung, desto größer wird auch der Widerstand sein.

Doch gleichzeitig gibt es eine wunderbare Möglichkeit, diesen zu durchbrechen. Sie heißt Bewusstheit. Nur wenn Sie sich Ihrer Verhaltensmuster bewusst sind, können Sie sie auch ändern. Gehen Sie mit offenen Augen durchs Leben und nehmen Sie es wahr, wenn Sie gerade dabei sind, eine notwendige Veränderung zu vermeiden. Und dann nehmen Sie es mit dem Widerstand auf, so oft es geht. Er ist der beste Indikator, dass Sie kurz davorstehen, einen großen Durchbruch zu erzielen.

46. AUS PROBLEMEN CHANCEN MACHEN

Gestern habe ich nach einem Golfturnier gemeinsam mit meinem Flight noch ein Bier getrunken. Einer der Mitspieler faszinierte mich dabei besonders. Er hieß Reinhold, und alle seine Erzählungen drehten sich nur um Probleme. Er war mit allem unzufrieden. Mit der Regierung, dem Wetter, seinem Job und ganz besonders seiner Ehefrau. Mit jedem Satz steigerte er sich mehr in seine Negativität hinein und die Stimmung am Tisch sank von Minute zu Minute. Kein Wunder, dass wir die Runde bald auflösten.

Ich weiß nicht, wie es Ihnen geht, aber ich habe den Eindruck, dass dies keine Ausnahme gewesen ist. So viele Menschen sind von einer extrem negativen Grundhaltung geprägt und ihre Gedanken drehen sich von morgens bis abends nur um Probleme. Das ist tragisch, denn mit einer solchen Einstellung wird es so gut wie unmöglich, das Leben zu genießen und Erfolg im Job zu haben. Dabei wäre das gar nicht so schwierig. Schon Napoleon Hill hatte einst treffend festgestellt: »Jedes Missgeschick, jedes Scheitern, jeder Kummer trägt den Samen in sich, aus dem ein gleich großer oder sogar größerer Nutzen erwachsen kann.« Oder mit meinen bescheidenen Worten: In jedem Problem steckt immer auch eine riesige Chance. Wenn wir bereit sind, diese zu sehen und zu nutzen.

Ich möchte Ihnen ein Beispiel geben. Eine meiner Lieblingsbands ist *Black Sabbath*. Im Alter von siebzehn Jahren hatte Gitarrist Tony Iommi einen folgenschweren Unfall, als er während der Arbeit in einem Stahlwerk zwei Fingerkuppen seiner Griffhand verlor. Die Ärzte verkündeten dem hoffnungsvollen Talent, dass dies gleichbedeutend mit dem Ende seiner Karriere sei. Doch Tony gab nicht auf und machte aus der Not eine Tugend. Er spielte fortan mit künstlichen Fingerkuppen aus Plastik und stimmte seine Gitarre um drei Halbtöne von E auf Cis herunter, damit die Seiten nicht so stark gespannt werden mussten.

Auf diese Weise entstand sein unverwechselbarer Stil, durch den er gemeinsam mit seinen Bandkollegen Ozzy Osbourne, Geezer Butler und Bill Ward zu Weltruhm gelangte und sich einen Platz in der Hall of Fame der Musikgeschichte sicherte. Weil in jedem Problem auch immer eine Chance steckt.

> **Ändern Sie Ihren Fokus und machen Sie aus Problemen Chancen.**

Die Welt ist voller Menschen, die aus der Not eine Tugend zu machen wussten. Die sich nicht dem Strudel der Negativität hingegeben, sondern die Ärmel hochgekrempelt haben. Die ihre Probleme akzeptiert, sich dann aber umgehend auf die Suche nach möglichen Lösungen gemacht haben. Und genau dazu mochte ich auch Sie ermutigen. Nehmen Sie es einfach als gegeben hin, dass wir alle Probleme haben. Jeder Einzelne von uns. Der entscheidende Unterschied liegt darin, wie wir damit umgehen. Denken Sie im Zweifel immer an die Worte Albert Einsteins: »Probleme kann man niemals mit derselben Denkweise lösen, durch die sie entstanden sind.« Und genauso ist es. Ändern Sie Ihr Denken. Ändern Sie Ihren Fokus. Und automatisch machen Sie aus Problemen Chancen.

47. LASSEN SIE SICH VON IHRER BERUFUNG FINDEN

Ich möchte Ihnen eine meiner tiefsten Überzeugungen mitteilen. Ich glaube fest daran, dass jeder einzelne Mensch eine ganz besondere Aufgabe auf dieser Welt hat. Eine Mission, die größer ist als wir selbst. Keine Sorge, dies ist beileibe keine esoterische »Wir-haben-uns-alle-lieb-Phrase«, sondern das Resultat meiner Erfahrungen aus den letzten fünfzehn Jahren. In dieser Zeit habe ich mit Tausenden von Menschen gearbeitet. Sie alle waren sehr unterschiedlich, doch eines hatten sie gemeinsam. Jeder Einzelne von ihnen hatte mindestens eine besondere Gabe. Ein besonderes Talent oder eine einzigartige Fähigkeit. Allerdings waren sich die wenigsten dessen bewusst. Und noch weniger haben sich getraut, diese Berufung auch jeden einzelnen Tag zu leben.

> Irgendwann wird Ihre Berufung Sie finden.

Diese Tatsache entbehrt nicht einer tragischen Komik, denn gleichzeitig wünscht sich der Großteil der Menschen nichts sehnlicher, als seine eigene Berufung zu finden. Und so macht man sich auf die Suche. Probiert die verschiedensten Dinge aus, besucht Seminare und beschreitet den Pfad der vermeintlichen Erleuchtung. Und gleichzeitig entfernt man sich immer mehr von sich selbst. Denn eine Berufung findet man niemals im Außen. Sie können sie nicht kaufen, nicht von anderen Menschen erhalten und schon gar nicht erzwingen. Stattdessen wird Ihre Berufung

Sie irgendwann finden. Ja, Sie haben richtig gelesen. Es kommt der Zeitpunkt, da werden Sie ganz einfach wissen, was Ihre Mission auf dieser Erde ist. Sie werden spüren, wofür Sie jeden einzelnen Tag aufstehen und wozu Sie mit Ihren einzigartigen Talenten gesegnet wurden.

Woher ich das weiß? Ich habe diesen Prozess selbst durchlaufen und weiß es noch, als ob es gestern gewesen wäre. Zur damaligen Zeit war ich noch Warenhausgeschäftsführer und suchte schon viele Jahre nach meiner Berufung. Der Job machte mir zwar eine Menge Spaß, aber ich spürte, dass dies noch nicht alles gewesen sein konnte. Und eines Tages traf es mich dann wie ein Donnerschlag.

Wie so oft führte ich ein Gespräch mit einem Mitarbeiter, als dieser sich kurz vor dem Verlassen meines Büros noch einmal umdrehte und einen folgenschweren Satz sagte: »Herr Grzeskowitz, ich weiß nicht, wie Sie es machen, aber Sie haben eine wundervolle Gabe, das Potenzial von Menschen zu erkennen und sie zu Veränderungen zu ermutigen.« Mein Leben sollte danach nie mehr das gleiche sein.

Warum erzähle ich Ihnen das? Weil ich Ihnen Mut machen möchte, dass Ihre Berufung Sie finden wird, wenn Sie dazu bereit sind. Sparen Sie sich die aktive Suche, sondern investieren Sie Zeit, Energie und Geld stattdessen lieber in Ihre persönliche Entwicklung. Wenn die Zeit reif ist, werden Sie den Ruf Ihrer Mission wahrnehmen. Die entscheidende Frage ist dann nur: Werden Sie ihm auch folgen?

48. JEDER KANN EIN LEADER SEIN

Wenn ich als Change-Berater, Führungskräfte-Coach oder Speaker in einem Unternehmen bin, dann fällt mir in erster Linie neben anderen vor allem eine Verhaltensweise auf: die passive Erwartungshaltung, dass der Chef schon ganz genau wisse, was richtig und falsch sei. Dies führt in der Konsequenz allerdings zu einem fatalen Ergebnis. Weil man die Verantwortung abgegeben hat, vertraut man darauf, dass der Vorgesetzte schon die notwendigen Veränderungen initiieren wird. Doch wenn dieser das nicht tut, passiert eben nichts und man hat Zeit für die Lieblingsbeschäftigung Nummer zwei: sich über die nicht zufriedenstellenden Zustände zu beschweren. Wie sich das auf die Stimmung eines Unternehmens auswirken kann, kennen Sie möglicherweise aus Ihrem eigenen Job.

Jeder kann Verantwortung übernehmen.

Mit der richtigen Führung können Sie in Ihrer Organisation eine solche Negativspirale leicht umgehen, wenn Sie den wichtigsten Grundsatz beachten. Und der lautet: Jeder kann ein Leader sein. Jeder kann Verantwortung übernehmen. Jeder kann an seinem Platz einen entscheidenden Beitrag zum Erfolg des Unternehmens beitragen. Der Pförtner genauso wie der Vertriebsdirektor. Der Fließbandarbeiter genauso wie der Leiter der Entwicklungsabteilung. Die Sachbearbeiterin genauso wie der Azubi.

Ich möchte darauf hinweisen, dass dies keinesfalls eine lapidare Floskel ist, Wunschdenken ausdrückt oder gar den Hinweis auf ein unternehmerisches Schlaraffenland darstellt. Im Gegenteil. Faszinierende Dinge geschehen in Organisationen, die diese Führungsphilosophie als Kultur etabliert haben. Denn wenn jeder einzelne Mitarbeiter unabhängig von seiner hierarchischen Position Verantwortung an seinem Platz übernimmt, dann steigt die Produktivität, die eigene Arbeit wird wesentlich wertschätzender betrachtet und das Unternehmen entwickelt sich als Ganzes.

Sie zweifeln daran, dass jeder wirklich ein Leader sein kann? Ich meine damit nicht, dass jeder ab sofort die Rolle des Vorstandsvorsitzenden übernehmen sollte. Es muss immer jemanden geben, der die strategische Richtung eines Unternehmens vorgibt, eine gemeinsame Vision entwickelt und diese mit entsprechenden Werten verknüpft. Es reicht vollkommen, wenn die einzelnen Mitarbeiter ihre eigene Rolle kennen, in ihrem Umfeld Verantwortung übernehmen und entsprechende Entscheidungen treffen. Wie schon der amerikanische Präsident John Quincy Adams im 19. Jahrhundert treffend festgestellt hat, ist das nämlich die ureigenste Definition eines Leaders: »Wenn Ihre Handlungen andere dazu inspirieren, mehr zu träumen, mehr zu lernen, mehr zu tun und mehr aus sich zu machen, dann sind Sie ein Leader.« Er hat den Nagel damit auf den Kopf getroffen.

Sind Sie bereits in einer offiziellen Führungsposition, dann ist Ihre wichtigste Aufgabe, die Rahmenbedingungen zu schaffen, in der sich jeder einzelne Mitarbeiter an seinem Platz zu einem Leader entwickeln kann. Und wenn Sie sich in der Hierarchie ein paar Stufen darunter befinden, dann geht es darum, Verantwortung zu übernehmen und in Ihrem konkreten Verantwortungsbereich als Vorbild voranzugehen und Entscheidungen zu treffen, als ob der komplette Unternehmenserfolg davon abhängen würde. Denn das tut er.

49. DIE LIEBE ZUM DETAIL

Zu meinen großen Leidenschaften gehört gutes Essen. Ich liebe es, in die kulinarische Welt einer bestimmten Region einzutauchen und die unzähligen Geschmacksexplosionen in meinem Mund zu genießen. Umso trauriger war ich über Jahre, dass es in der direkten Umgebung meines Hauses kein entsprechend hochwertiges Restaurant gab. Das einzige Angebot war lange ein selbst ernanntes Steakhaus, das vom ersten bis zum letzten Tag mit fünfzig Prozent Rabatt auf alle Speisen warb. Kein Wunder, dass diese Unternehmenspolitik irgendwann zwangsläufig in die Insolvenz führte.

Und so war ich glücklich, als einige Monate später eine italienische Trattoria in die leer stehende Immobilie einzog. Mit viel Tamtam und einer großen Werbekampagne verkündete der neue Inhaber, dass es ab sofort ein gastronomisches Highlight in unserem Kiez geben würde. Noch mehr als auf Pizza, Pasta & Co. freute ich mich allerdings darauf, dass die etwas heruntergekommenen Außenanlagen wieder in Form kommen würden. Doch ein halbes Jahr später war der Zaun immer noch kaputt, die Beleuchtung defekt und mehrere Kabel hingen nutzlos aus der Fassade heraus. Es wurde zwar viel Zeit, Energie und Geld in die umfangreiche Werbung gesteckt, aber gleichzeitig fehlte die Liebe zum Detail. Und das machte sich leider auch in der Qualität von Service, Essen und Freundlichkeit bemerkbar.

Nach anfänglicher Euphorie hat die Trattoria heute nur wenige Gäste. Weil man nicht auf die Kleinigkeiten geachtet hatte. Das Gleiche können Sie auch bei vielen anderen Unternehmen beobachten. Es werden horrende Summen für Hochglanzkampagnen, prestigeträchtige

Immobilien und aufwendige Systeme ausgegeben. Aber es hapert an den vermeintlich simplen Dingen. Am Lächeln der Mitarbeiter, an der Freude am Job und an der Liebe zum Detail. Doch genau darauf kommt es an. Denn wie sollen Ihre Kunden Vertrauen in die großen Dinge haben, wenn es schon bei Kleinigkeiten nicht gerechtfertigt ist? Wie wollen Sie die generelle Qualität Ihrer Marke kommunizieren, wenn Sie es nicht schaffen, im Kleinen damit zu beginnen?

> **Der Umgang mit Details ist ein Spiegel der Einstellung gegenüber Ihren Kunden.**

Erfolg hat immer eine klare Reihenfolge. Er beginnt im Kleinen und baut sich dann Baustein für Baustein zu einem Gesamtgebilde auf. Der Modedesigner Giorgio Armani hat das gut erkannt, als er sagte: »Um etwas Außergewöhnliches zu erschaffen, muss Ihre Einstellung unerbittlich auf die kleinsten Details fokussiert sein.«

Egal in welcher Branche Sie auch tätig sind, es kommt immer auf die Kleinigkeiten an. Auf die vermeintlich unwichtigen Dinge. Denn sie sind ein Spiegel der Einstellung, des Qualitätsanspruchs und des Verantwortungsbewusstseins gegenüber Ihren Kunden. So, wie Sie die Details behandeln, so gehen Sie auch mit den wichtigen, den großen, den entscheidenden Aufgaben um. Es ist daher eine gute Idee, den Umgang mit den Kleinigkeiten zur Chefsache zu erklären und an der Liebe zum Detail zu arbeiten. Nicht nur als Lippenbekenntnis, sondern jeden einzelnen Tag in der Umsetzung.

50. EIER, WIR BRAUCHEN EIER

Sind Sie auch manchmal unzufrieden und haben das Gefühl, dass dies noch nicht alles gewesen sein kann? Blicken Sie dann und wann sehnsüchtig auf die vielen Menschen, die von Erfolg zu Erfolg eilen, während Sie es einfach nicht schaffen, Ihr Unternehmen, Ihre Karriere oder Ihre Finanzen auf die Reihe zu bringen? Keine Sorge, Sie sind damit beileibe nicht allein.

Als Veränderungscoach begegne ich immer wieder zwei Kategorien von Menschen. Da ist die relativ kleine Gruppe von Machern, die ihre Ärmel hochkrempeln, sich immer wieder selbst ins kalte Wasser werfen und ihre Träume leben. Auf der anderen Seite gibt es die große Masse, die sich lieber in Ausreden flüchtet, zu früh aufgibt und stattdessen ein mittelmäßiges Leben im seelischen Niemandsland führt.

Dies zu beobachten bricht mir immer wieder das Herz. Weil es so unnötig ist. Weil wirklich jeder einzelne Mensch in der Lage ist, ein selbstbestimmtes Leben zu führen, das von Möglichkeiten statt von Limitationen bestimmt wird.

> Es ist hart, trotz Skepsis und Angst vor der Veränderung ins Tun zu kommen.

Warum aber tun es dann so wenige? Tony Robbins hat das sehr gut auf den Punkt gebracht, als er sagte: »Du hast in deinem Leben entweder Ergebnisse oder eine Geschichte, die du dir immer wieder selbst erzählst.« Auch wenn das auf den ersten Blick recht hart klingt, trifft es doch den Nagel auf den Kopf. Wir Menschen sind wahre Meister darin, uns immer wieder selbst zu belügen. Statt zu handeln, erzählen wir uns viel lieber, warum etwas nicht geht, warum die Zeit gerade nicht die richtige ist oder warum die Welt so wahnsinnig ungerecht ist. Und ehe wirs uns versehen, haben wir uns diese Story so häufig selbst erzählt, bis wir sie irgendwann glauben. Die permanente Negativhaltung ist zu einer sich selbst erfüllenden Prophezeiung geworden. Eine der häufigsten Begründungen für diese Art der Selbstmanipulation ist folgende: »Ich würde ja gerne meine Ziele in Angriff nehmen, aber ich bin nun mal skeptisch, ob es auch wirklich funktioniert.«

Wenn Ihnen das bekannt vorkommt, dann möchte ich Ihnen jetzt gerne die Antwort mitteilen, die ich in diesen Fällen immer gebe: »Sie sind nicht skeptisch. Sie sind mutlos!« Ja, Sie haben richtig gehört. Es ist wirklich das Einfachste auf der Welt, sich in Ausreden zu flüchten und sich die Geschichte, warum etwas nicht geht, in den verschiedensten Varianten immer und immer wieder neu zu erzählen. Und es ist sehr hart, trotz Skepsis, Unsicherheit und Angst vor der Veränderung ins Handeln zu kommen. Natürlich kennen auch die erfolgreichen Menschen diese Gefühle. Doch sie handeln trotzdem. Weil sie mutig sind und sich am berühmten Zitat von Torwart-Titan Oliver Kahn orientieren, der so unnachahmlich aufgefordert hat: »Eier. Wir brauchen Eier.« Ja, Veränderung kann hart sein. Und es braucht genau diese Eier, um trotz aller Skepsis, Zweifel und Angst ins Tun zu kommen. Ich wünsche mir, dass Sie diesen Mut aufbringen und sich ab sofort nur noch Ihre ganz persönliche Erfolgsgeschichte erzählen.

51. HUMOR ALS ERFOLGSFAKTOR NUMMER EINS

Manchmal denke ich, irgendetwas stimmt nicht mit mir. Denn während andere eine große Erfüllung beim Betrachten von Gemälden, beim Hören von Arien oder Lesen klassischer Literatur empfinden, ist es für mich die höchste Form von Kunst, wenn ich durch die Flure eines Unternehmens gehen darf, das eine außergewöhnliche Change-Kultur etabliert hat. Nichts beeindruckt mich mehr, als wenn Sie an der Atmosphäre spüren können, wie viel Lust jeder einzelne Mitarbeiter daran hat, an seinem Platz Verantwortung zu übernehmen und den Erfolg der gesamten Organisation durch sein tägliches Handeln aktiv mitgestalten zu können. Der wohl wichtigste Indikator dafür ist etwas, was Sie im sachlichen und oftmals harten Businessalltag leider sehr selten erleben. Ich spreche vom Erfolgsfaktor Humor. Der Lust am Lachen. Der Kunst, sich selbst nicht zu ernst zu nehmen.

Vor einiger Zeit habe ich genau diese Art von Unternehmenskultur wieder einmal in seiner reinsten Form erleben dürfen. Ich war beim Gabelstaplerhersteller Willenbrock in Bremen zu Gast, um dort auf einer Vertriebstagung über die Chancen von Veränderung zu sprechen. Eröffnet wurde die Tagung vom geschäftsführenden Gesellschafter, der auf eine sehr humorvolle Art und Weise die Zahlen des letzten Geschäftsjahres präsentierte.

Ich war sofort begeistert. Er hatte zu fast jedem Mitarbeiter eine lustige Anekdote parat, nahm sich selbst auf die Schippe und lachte viel. Dieser Unternehmenslenker erinnerte mich sehr stark an meinen eigenen Führungsstil. Die Stimmung unter den Führungskräften und Mitarbeitern war einfach grandios. Jeder Einzelne hatte Spaß an der Arbeit und ging mit großer Freude seinen individuellen Aufgaben nach. Damit keine Missverständnisse entstehen: Die gesamte Belegschaft war extrem leistungs- und ergebnisorientiert, trotzdem hat sie den Humor als wichtigsten Erfolgsfaktor auserkoren.

Genau diesen Punkt kann ich nicht häufig genug betonen. Was nützt Ihnen der tollste Job, wenn Sie nicht gerne zur Arbeit gehen? Was haben Sie von den spannendsten Aufgaben, wenn Sie keine Freude an der Erledigung haben? Was nützt Ihnen das tollste Gehalt, wenn Ihre Kollegen zum Lachen in den Keller gehen? Als Unternehmer sollten Sie die Kraft des Humors so aktiv und offensiv wie möglich einsetzen. Denn Humor zeigt neue Horizonte auf, eröffnet ungeahnte Möglichkeiten und befreit Sie von Zwängen. Die große Kunst dabei ist es, die vermeintlich kleinen Dinge mit einer großen Ernsthaftigkeit anzugehen und über die großen Sachen lachen zu können. Besonders über sich selbst. Denn egal, wie groß ein Problem auch sein mag – wenn Sie darüber lachen können, ist dies bereits der erste Schritt, es auch zu lösen.

> **Die große Kunst ist es, die kleinen Dinge mit Ernsthaftigkeit und die großen mit Humor zu betrachten.**

52. DIE iPHONE-UNIVERSITÄT

Frankfurt. Flughafen. 19:45 Uhr. Die nette Stimme aus dem Lautsprecher erklärt den bereits seit über einer Stunde wartenden Passagieren, dass der Flug nach Berlin sich leider noch um weitere zwei Stunden verspätet. Ein Raunen geht durch die Menge. Eine Dame im Nadelstreifenanzug schimpft wie ein Rohrspatz. Die Stimmung ist insgesamt sehr gereizt. Und natürlich bin auch ich nicht begeistert, dass ich nun wahrscheinlich erst kurz vor Mitternacht zu Hause sein werde. Doch nach einem kurzen Moment des Ärgerns entscheide ich mich, das Beste aus der Situation zu machen, und schreibe mich für die nächsten 120 Minuten an der iPhone-Universität ein.

Sie fragen sich, was sich dahinter verbirgt? Für mich eine der wundervollsten Errungenschaften der modernen Technik. Seit Jahren habe ich nämlich mein Smartphone zu meiner ganz persönlichen Wissensbibliothek umfunktioniert. Es gehört zu meinem Beruf, dass ich sehr viel warten muss. An Flughäfen, in Zügen, Taxis, Bussen oder Hotels. Früher war dies für mich Zeit, die ich im wahrsten Sinne des Wortes totgeschlagen habe. Heute nutze ich diese Momente, um meinen Geist zu füttern. Mit Hörbüchern, Podcasts oder Audiokursen. Wir haben uns ja bereits darüber unterhalten, wie wichtig es ist, uns selbst immer wieder aufs Neue zu inspirieren, Einblicke in die Köpfe spannender Autoren zu erhalten und dadurch zu lernen, zu wachsen und uns weiterzuentwickeln. Durch die digitale Revolution

> »Lebe, als ob du morgen sterben würdest. Lerne, als ob du ewig leben würdest.«
> MAHATMA GANDHI

haben Sie heutzutage Möglichkeiten, von denen unsere Vorfahren nur träumen konnten. Und diese sollten Sie so umfassend nutzen wie nur möglich. Denn wie sagte schon Mahatma Gandhi: »Lebe, als ob du morgen sterben würdest. Lerne, als ob du ewig leben würdest.«

Niemals war es so einfach, dieses Mantra jeden einzelnen Tag zu leben. Niemals war es so leicht, Zeit nicht mehr zu vertrödeln, sondern effektiv für die persönliche Entwicklung zu nutzen. Laden Sie sich Audiobücher, DVDs oder MP3-Dateien auf Ihr Smartphone oder Tablet, und schon können Sie die Zeit sinnvoll nutzen, die Sie früher möglicherweise mit dem Lösen von Sudokus oder dem sinnlosen Blättern in Klatschzeitschriften verplempert haben. Nutzen Sie den Weg zur Arbeit, die Zeit im Fitnessstudio, wenn Sie beim Arzt im Wartezimmer sitzen, wenn Sie fliegen oder mit der Bahn unterwegs sind.

Nutzen Sie jede sich bietende Gelegenheit, um sich neues Wissen anzueignen und sich nebenbei noch inspirieren und motivieren zu lassen. Bei den meisten Menschen kommen da am Tag schnell bis zu zwei Stunden zusammen. Das sind in einer Woche vierzehn und in einem Jahr sagenhafte 730 Stunden. Dies entspricht etwas mehr als vier Wochen, die Sie im Jahr für Ihr persönliches Wachstum nutzen. Schreiben Sie sich also am besten noch heute an der iPhone-Universität ein. Ihr Leben wird danach nicht mehr das gleiche sein.

53. ÜBER DEN TELLERRAND SCHAUEN

Kraftsportlegende Marc Rippetoe hat in seinem Buch *Starting Strength* folgende bemerkenswerte Aussage getroffen: »Ein Mensch sollte in der Lage sein, folgende Dinge zu tun: eine Windel zu wechseln, eine Invasion zu planen, ein Schwein zu schlachten, ein Haus zu designen, ein Sonett zu schreiben, mit Geld umzugehen, eine Mauer zu bauen, einen Knochenbruch zu reparieren, Sterbende zu begleiten, Befehle anzunehmen, Befehle zu geben, zu kooperieren, eigenverantwortlich zu handeln, mathematische Gleichungen zu lösen, ein auftretendes Problem zu analysieren, einen Stall auszumisten, einen Computer zu programmieren, ein schmackhaftes Essen zu kochen, effizient zu kämpfen und ehrenvoll zu sterben. Spezialisierung ist für Insekten!«

Mal abgesehen von der Invasion – wie viele dieser grundverschiedenen Tätigkeiten wären Sie in der Lage, aus dem Stand heraus auszuführen? Gerade als Unternehmer ist es in unserer komplexen Welt so ungemein wichtig, auf die verschiedensten Herausforderungen mit maximaler Flexibilität reagieren zu können. Doch leider erleben wir in den meisten Unternehmen immer noch irgendeine Variante von »Fachidiot schlägt Kunden tot«. Sie haben bestimmt das eine oder andere Gesicht vor Ihrem geistigen Auge, nicht wahr?

In Zeiten des immer schneller werdenden Wandels ist es daher so ungemein wichtig, regelmäßig über den Tellerrand zu blicken. Neue Horizonte zu entdecken und sich dem Mantra des lebenslangen Lernens hinzugeben. Ihr größter Freund auf diesem Weg ist die Neugier.

Die Fähigkeit, sich mit kindlicher Freude für andere Kulturen, Menschen und Meinungen zu interessieren. Zu einer Art Vasco da Gama des Wissens zu werden und das eigene Lebensschiff mit dem Wind des persönlichen Wachstums zu immer neuen Ufern zu steuern.

Ich könnte es niemals so schön formulieren wie der große Walt Disney, der einst sagte: »Wir entwickeln uns weiter, öffnen neue Türen und tun neue Dinge, weil wir neugierig sind und die Neugier uns auf neue Wege führt.« Genau diesen Hunger auf Weiterentwicklung sollten wir uns bewahren. Jeden einzelnen Tag. Im Business und im Leben. Weil schon Herbert Grönemeyer wusste, dass der Stillstand gleichbedeutend mit dem Tod ist.

Tun Sie, sooft es geht, etwas Neues.

Tun Sie deshalb, sooft es geht, etwas Neues, und gehen Sie mit vollem Bewusstsein Wege, die Sie noch nie beschritten haben. Sie benötigen etwas Inspiration? Reisen Sie in ferne Länder und tauchen Sie in die fremde Kultur ein, lernen Sie ein Musikinstrument, lesen Sie sämtliche Bücher eines einzelnen Autors, probieren Sie eine neue Sportart aus und beobachten Sie, sooft es geht, (Ihre) Kinder. Sie sind der lebende Beweis, zu welch grandiosen Ergebnissen eine leidenschaftliche Neugier führen kann.

54. SEHEN SIE, WAS SIE HABEN, NICHT, WAS IHNEN FEHLT

Ist Ihnen schon einmal aufgefallen, wie viele Menschen unzufrieden mit ihrem Leben sind? Verbringen Sie einmal zwanzig Minuten in einer Betriebskantine, in der U-Bahn oder an der Supermarktkasse, und Sie wissen, wovon ich spreche. Jammern, Nörgeln und permanente Schwarzmalerei bestimmen den Alltag. Niemand scheint mehr glücklich zu sein, jeder hat an allem etwas auszusetzen. Besonders stört man sich an Kleinigkeiten, an eigentlich unwichtigen Dingen und natürlich am Verhalten anderer Menschen. Dies hat einen einfachen und gleichzeitig tragischen Grund. Viele von uns sind so sehr darauf konditioniert, sich auf das zu konzentrieren, was ihnen fehlt, dass diese Zeitgenossen vollkommen vergessen, das wahrzunehmen, was sie schon haben.

Wir sollten dankbar für die schönen Dinge in unserem Leben sein.

Damit wir uns richtig verstehen: Ich möchte Sie auf keinen Fall dazu aufrufen, ab sofort mit der rosaroten Brille durchs Leben zu laufen. Wir alle haben mit den unterschiedlichsten Problemen zu kämpfen. Ich auf jeden Fall. Doch trotzdem lohnt es sich, diese Herausforderungen immer aus einem anderen Blickwinkel zu betrachten.

Während ich diese Zeilen schreibe, sterben überall auf der Welt kleine Kinder, viel zu junge Menschen erkranken unheilbar an Krebs und Familien werden durch tragische Unfälle auseinandergerissen. Wohl jeder von uns kennt einen dieser Fälle aus seinem persönlichen Umfeld. Was ist dagegen schon ein verspäteter Bus, ein frustrierter Kunde oder eine Steuernachzahlung ans Finanzamt? Natürlich, diese Dinge sind ärgerlich. Aber aus einer anderen Perspektive betrachtet sind die meisten unserer Alltagsprobleme doch eigentlich vollkommen unwichtig, nicht wahr?

Wenn Sie mich fragen, dann sollten wir viel häufiger dankbar für all die schönen Dinge in unserem Leben sein. Vor allem für diejenigen, die wir als selbstverständlich erachten. Die tollen Menschen, ein erfüllender Job, jeden Tag eine warme Mahlzeit auf dem Tisch oder auch das sichere Dach über unserem Kopf. Das klingt Ihnen zu abgefahren? Mag sein, doch es ist mir ein Herzensbedürfnis, für viel mehr Dankbarkeit zu werben. Dafür, den Moment zu genießen und sein Auge für die schönen Dinge zu schulen. Natürlich werden Sie dadurch nicht weniger Probleme haben. Aber Sie können vollkommen anders damit umgehen. Für den Fall der Fälle möchte ich Ihnen noch eine knackige Faustregel an die Hand geben, die Sie bei jeder Art von Herausforderung anwenden können:

Schritt 1: Ärgern Sie sich ruhig, aber kurz. Lassen Sie für maximal zwei Minuten so richtig Dampf ab.
Schritt 2: Und dann seien Sie dankbar für das, was Sie bereits haben, und richten Sie Ihren Fokus neu aus.

Ich verspreche Ihnen, Ihr Alltag wird entspannter, intensiver und vor allem erfolgreicher werden.

55. GLAUBEN SIE AN SICH

Pablo Picasso hat einmal gesagt, dass Handeln der wichtigste Schlüssel zum Erfolg sei. Und damit hat er recht, denn was nützt die beste Idee, wenn Sie nicht in die Tat umgesetzt wird? Und schon sind wir bei einem der größten Paradoxa, wenn es um Veränderung geht. Denn die meisten Menschen wissen das. Trotzdem fangen sie nie richtig an. Doch was ist der Grund dafür?

Unterm Strich sind es immer vier Faktoren, die darüber bestimmen, ob wir Ergebnisse erzielen oder auf der Stelle treten. Denn richtig eingesetzt, können sie eine wahre Erfolgsspirale in Gang setzen. Leider gilt aber auch das Gegenteil. Schauen wir uns die einzelnen Faktoren einmal an, die darüber bestimmen, ob Sie Ihre Ziele erreichen oder mit Pauken und Trompeten scheitern.

Faktor 1: Das Potenzial: Können Sie es schaffen?

Faktor 2: Das Machen: Kommen Sie täglich mit Nachdruck ins Handeln, um Ihrem Ziel näher zu kommen?

Faktor 3: Die Ergebnisse: Führen Ihre Handlungen zu entsprechenden Resultaten?

Faktor 4: Die Überzeugung: Glauben Sie daran, dass Sie es schaffen können?

Jeder einzelne dieser Faktoren beeinflusst die anderen. So gut wie immer sind Sie in der Lage, ein Ziel zu erreichen. Wenn Sie dann auch noch mit Nachdruck und vor allem täglich ins Handeln kommen, dann erzielen Sie auch entsprechende Resultate. Dadurch steigt Ihre Überzeugung, dass Sie es auch schaffen können, wodurch Sie Ihr Potenzial noch mehr anzapfen. Eine sich selbst verstärkende Spirale beginnt sich zu entfalten.

Doch fehlt der entscheidende Faktor, nämlich der Glaube an den eigenen Erfolg, wirkt diese Spirale häufig in die negative Richtung. Viel zu viele Menschen sind bewusst oder unbewusst der festen Überzeugung, dass Sie es sowieso nicht schaffen. Und weil das so ist, nutzen Sie nur einen Bruchteil ihres Potenzials, handeln gar nicht oder nur halbherzig und erzielen die entsprechenden Ergebnisse. Weil diese wie erwartet negativ sind, verstärkt sich die Überzeugung noch einmal. Sie wird zu einer negativen sich selbst erfüllenden Prophezeiung. Deshalb ist es so unglaublich wichtig, dass Sie dem dritten Faktor die höchste Aufmerksamkeit schenken.

Egal, was Sie vorhaben, glauben Sie daran, dass Sie es schaffen können. Das ist beileibe kein esoterisches Phrasendreschen, sondern vielmehr einer der praktischsten Tipps dieses Buches. Nicht umsonst hat Tennislegende Venus Williams einmal gesagt: »Du musst an dich glauben, wenn es niemand anderes tut. Genau das macht dich zum Gewinner.« Ich denke, ihre Ergebnisse sprechen für sich.

Je mehr Sie an Ihren Erfolg glauben, desto mehr Sicherheit gewinnen Sie.

Je mehr Sie an Ihren Erfolg glauben, desto mehr Sicherheit gewinnen Sie. Und setzen damit die Erfolgsspirale in Gang, die ab sofort ihren zuverlässigen Dienst für Sie tun wird. Sie schöpfen Ihr volles Potenzial aus, handeln täglich und können sich an Ihren Resultaten erfreuen. Probieren Sie es aus. Aber glauben Sie unbedingt daran, dass Sie es auch schaffen können. Das Leben wird Sie entsprechend reich beschenken.

58. TRANSPARENZ TRIUMPHIERT

»Wie sieht denn die Umsatzentwicklung Ihrer Abteilung im letzten halben Jahr aus?« Diese Frage stellte ich vor Kurzem einem Verkäufer eines mittelständischen Unternehmens, das ich in einem Veränderungsprozess begleitete. Die Antwort kam prompt: »Das kann ich Ihnen leider nicht sagen, die Zahlen sind bei uns geheim.«

Ich weiß nicht, wie Sie das sehen, aber ich bin über solche Aussagen extrem schockiert. Und leider sind sie kein Einzelfall. Wenn ich als Change-Berater oder Führungskräfte-Coach in Unternehmen tätig bin, dann erstaunt es mich immer wieder, wie wenig die Chefs, Manager und Abteilungsleiter ihren Mitarbeitern vertrauen. Die wichtigen Unternehmensdaten aus den Bereichen Strategie sowie Marktentwicklung und ganz besonders die Leistungskennzahlen werden ausschließlich im engsten Führungskräftekreis besprochen, als geheim eingestuft und nicht intern kommuniziert. Gleichzeitig höre ich dann sehr häufig Beschwerden, wie unmotiviert das eigene Personal wäre, dass die Mitarbeiter einfach keine Eigeninitiative zeigen würden und wie schwer die Führungsmannschaft es doch hätte.

Hand aufs Herz: Wie will man von jemandem erwarten, dass er jeden Tag voller Motivation Gas gibt, wenn man ihm gleichzeitig die Botschaft sendet, dass er nicht dazugehört? Der Dalai Lama hat das ziemlich gut mit folgenden Worten zusammengefasst: »Fehlende Transparenz führt zu Misstrauen und einem tief greifenden Gefühl von Unsicherheit.« Jede Führungskraft sollte dies eigentlich verstehen. Trotzdem ist das geheime Herumwurschteln hinter verschlossenen Türen in deutschen Unternehmen leider immer noch an der Tagesordnung.

Ich habe das in meinen Unternehmen schon immer genau andersherum gehandhabt, denn ich glaube fest an die Kraft der Transparenz. Egal, welche Position jemand innehat, vom Pförtner über den Sachbearbeiter bis hin zur Verkaufsmannschaft, jeder Einzelne muss jederzeit über Umsätze, Kosten und geplante Maßnahmen Bescheid wissen. Und genau den gleichen Ansatz beobachte ich auch heute noch bei sämtlichen erfolgreichen Unternehmen, die ich berate. Denn Transparenz führt zwangsläufig zu Involvement und einer viel bewussteren Identifikation mit der eigenen Firma. Nur wer die aktuellen Umsätze, Personalkosten und Ziele kennt, kann auch entsprechende Maßnahmen ergreifen.

Der Schlüssel hierfür ist – wie so oft – eine entsprechende Unternehmenskultur. Erst wenn Angst, Geheimhaltung und Misstrauen den eigenen Mitarbeitern gegenüber durch Offenheil, Vertrauen und Transparenz ersetzt werden, folgen auch die entsprechenden Resultate. Die Umsätze, die Eigeninitiative und die Motivation steigen von ganz allein.

> **Ersetzen Sie Angst, Geheimhaltung und Misstrauen durch Offenheit, Vertrauen und Transparenz.**

Schließen möchte ich dieses wichtige Kapitel daher mit den Worten des amerikanischen Präsidenten Pennsylvanias Benjamin Franklin, der es wunderbar auf den Punkt brachte: »Sage es mir und ich werde es vergessen. Zeige es mir, und ich werde es vielleicht behalten. Lass es mich tun, und ich werde es können.« Diesen Satz sollte sich jeder Unternehmer gut sichtbar in sein Büro hängen.

59. DON'T FAKE IT 'TIL YOU MAKE IT!

Vor einiger Zeit habe ich mal wieder ein Imagevideo eines Speakers gesehen. Dort jettete die Person im Privatjet durch die Welt, wurde vom persönlichen Chauffeur zum nächsten Auftritt gefahren und freute sich über seine zahlreichen Bestseller und Auszeichnungen. Der Zusammenschnitt hatte nur einen Haken: Es wirkte unecht, viel zu dick aufgetragen und verfehlte somit das eigentliche Ziel kilometerweit.

Wahrscheinlich kennen Sie ähnliche Fälle aus Ihrem persönlichen Umfeld. Sie kennen die Blender, die Auf-dicke-Hose-Macher und Schaumschläger zur Genüge. Aber woher kommt dieser Drang zum völligen Überzeichnen? Warum stolpern wir so häufig über eine eklatante Differenz zwischen Außendarstellung und Wirklichkeit? Die Antwort liegt in einer alten Marketingweisheit, die schon viele Menschen fehlgeleitet hat: »Fake it 'til you make it.« Oder auf Deutsch: »Solange du noch nicht da bist, wo du hinwillst, tu einfach so, als ob du es schon wärst.« Und dieser Rat ist wahrscheinlich der fatalste, dem Sie überhaupt folgen können.

Damit meine ich ausschließlich die Darstellung nach außen. Im Kopf können, ja sollten Sie sich sogar so früh wie möglich auf Erfolg programmieren. Eines meiner Lieblingszitate stammt vom größten Champion aller Zeit, von Muhammad Ali, der in seiner unnachahmlichen Art sagte: »Ich bin der Größte. Ich habe das sogar schon gesagt, bevor ich überhaupt wusste, dass ich es war.« Genau das ist das Mindset, mit dem Sie vorankommen.

Doch in Ihrer Kommunikation, Ihren Handlungen und Ihrem Marketing sollten Sie immer mit beiden Beinen auf dem Boden bleiben. Warum auch nicht? Jeder hat einmal angefangen. Ich weiß noch genau, wie ich in meinen Anfangstagen als professioneller Vortragsredner keine wirklichen Referenzen, kein gutes Video und auch keine beeindruckenden Kunden aufweisen konnte. Warum hätte ich dann so tun sollen, als ob ich in meiner Entwicklung schon zehn Jahre weiter wäre?

Nein, ich habe mich getraut, echt zu sein. Zuzugeben, dass ich am Anfang stehe. Habe das genutzt, was ich hatte. Das war nicht viel, aber es war genug. Und was immer Sie vorhaben, bei Ihnen ist es das auch. Der Rest ergibt sich auf dem Weg von selbst. Vergessen Sie deshalb am besten so schnell wie möglich den Rat: »Fake it 'til you make it«, denn es ist der größte Bullshit, den ich jemals gehört habe. Genauso wie die falsche Rolex am Handgelenk schnell negativ auffällt, so werden auch die Mogelpackungen im Business immer enttarnt. Stattdessen sollten Sie an Ihrer Einstellung arbeiten. Und da empfehle ich Ihnen eine Frage, die das Potenzial hat, Ihr Leben zu verändern. Zumindest hat sie es bei mir getan. Sie lautet:

Wie würde sich die Person verhalten, die ich einmal werden will?

»Wie würde sich die Person verhalten, die ich einmal werden will?«

In der Antwort und den daraus folgenden Handlungen steckt wahres Dynamit.

60. DER CHEF, DER DEN BAUM HINAUFKLETTERT

Es war einmal ein Indianerhäuptling, der eine besondere Fähigkeit hatte. Er kletterte wie kein Zweiter. Vor jeder wichtigen Schlacht erklomm er den höchsten Baum im Umkreis und analysierte die Ausgangslage. Dann rief er seinen besten Kriegern ein paar Anweisungen zu, damit diese mit ihren Truppen in die Wälder aufbrechen konnten. Von seinem Aussichtspunkt hoch über der Erde konnte er dann das Geschehen perfekt beobachten und steuernd eingreifen. Und wenn es hart auf hart kam, dann kletterte er von seinem Ausguck herunter und griff persönlich in die Schlacht ein. Sein Name war Inumitu, was übersetzt so viel bedeutet wie »Der Chef, der auf den Baum klettert«.

Als Unternehmer können Sie eine Menge von diesem weisen Indianer lernen. Denn als Leader sollten Sie immer das große Ganze im Blick haben, Ihr Wettbewerbsumfeld beobachten und eine darauf aufbauende Strategie entwickeln.

Und schon sind wir wieder beim Unterschied zum Manager. Denn während der Leader oben auf dem Baum noch ruft: »Obacht, falscher Wald!«, rufen die ausführenden Truppen (die Manager) unten voller Inbrunst: »Wir kommen gerade so gut voran.«

Als Unternehmer haben Sie das große Ganze im Blick.

Als Unternehmer ist es Ihre wichtigste Aufgabe, die großen Entscheidungen zu treffen, eine kraftvolle Vision zu formulieren und die Weichen für eine erfolgreiche Zukunft zu stellen. Das heißt natürlich nicht, dass Sie sich komplett aus der operativen Tätigkeit herausziehen sollen. Ganz im Gegenteil, ich bin ein großer Verfechter des Leading by Example. Aber gleichzeitig sollten Sie sich nicht zu sehr vom Tagesgeschäft einfangen lassen, weil sonst die Zeit für strategische Fragen fehlt.

Ich weiß, wovon ich spreche. Als junger Geschäftsführer bei Karstadt hatte ich den Anspruch, alles selbst zu machen. Ich war morgens der Erste im Geschäft und abends der Letzte, der ging. Ich kontrollierte, machte und tat und kümmerte mich um jedes einzelne Detail. Doch hatten wir nicht nur überhaupt keine klare Linie, was wir am Standort erreichen wollten, sondern es machte sich auch ein gewisser Unmut bei meinen Führungskräften breit. Bis eines Tages ein erfahrener Abteilungsleiter einen Satz sagte, der alles verändern sollte: »Chef, sagen Sie uns einfach, was Sie vorhaben und wo Sie hinwollen. Den Rest machen wir schon.«

Ich verstand sofort und kümmerte mich ab sofort verstärkt um die grundsätzliche, die strategische Ausrichtung. Wie der weise Häuptling war ich in die Krone des Baums geklettert und überließ die Umsetzung meiner unternehmerischen Vision meinen Managern. Die entsprechenden Ergebnisse ließen nicht lange auf sich warten. Und ich könnte den Grund dafür niemals so gut zusammenfassen wie der große Hermann Hesse: »Viele von uns denken, dass Festhalten uns stark macht. Aber manchmal ist es das Loslassen.« Und möglicherweise ist dieser Satz ein guter Ansporn, sich zu entscheiden, nach ganz oben auf den Baum zu klettern.

Ich wünsche Ihnen eine atemberaubende Aussicht.

61. WEG MIT DER ROSAROTEN BRILLE

Manchmal frage ich mich, wann unsere Gesellschaft es eigentlich verlernt hat, sich mit Fehlern und Misserfolgen auseinanderzusetzen. Gerade gestern erst wieder habe ich ein Video eines selbst ernannten Experten gesehen, in dem er Eltern Tipps gab, wie diese ihre Kinder zu erziehen hätten (es versteht sich von selbst, dass der besagte Herr keine KInder hatte).

Eine Aussage ist mir dabei besonders im Gedächtnis geblieben. Voller Inbrunst verkündete er nämlich: »Wenn Ihr Kind im Diktat drei von zehn Sätzen falsch geschrieben hat, dann streicht der Lehrer das knallrot an und lenkt die Aufmerksamkeit damit sofort auf die Fehler. Dabei hat Ihr Kind doch in Wirklichkeit sieben Sätze richtig geschrieben.«

Natürlich, das Grundbedürfnis dahinter ist es, die Kinder nicht den zu erwartenden negativen Gefühlen auszusetzen, und ich bin der Erste, der für die Wichtigkeit einer positiven Einstellung plädiert. Aber alle Fehler, Risiken und Probleme auszublenden ist definitiv der falsche Weg.

Welche Ausmaße dieser Trend mittlerweile erreicht hat, können Sie täglich beobachten. Bei Sportveranstaltungen gibt es mittlerweile sogar noch für den zehnten Platz einen Preis, Eltern erledigen die Hausaufgaben für ihre Sprösslinge, damit auch ja alles richtig ist, Noten gibt es erst ab der dritten Klasse und selbst Teenager werden jeden Tag mit dem Auto zur Schule gebracht. Aber mal unter uns – was passiert denn, wenn diese in Watte gepackten Kinder irgendwann mit der rauen

Realität konfrontiert werden? Wenn Sie erkennen, dass das Leben weder gerecht noch fair, sondern ganz schön hart ist? Sie werden gnadenlos schon an den kleinsten Herausforderungen scheitern, weil Sie nie gelernt haben, damit umzugehen. Denn Probleme zu ignorieren, auszusitzen oder ganz einfach wegzulächeln hat noch nie dazu geführt, sie auch zu lösen.

Je früher Kinder lernen, nicht mit der rosaroten Brille durchs Leben zu gehen, desto erfolgreicher werden sie als Erwachsene sein. Denn drei von zehn Sätzen im Diktat falsch geschrieben zu haben heißt eben nicht, dass man sieben richtig geschrieben hat, sondern dass drei falsch waren. Es mag hart sein, aber so ist es nun mal. Entscheidend ist einzig und allein, wie wir mit Misserfolgen umgehen. Denn nur aus Fehlern lernen wir, wir wachsen an ihnen und werden besser. Jeder einzelne Fehlschlag ist daher die perfekte Möglichkeit, uns weiterzuentwickeln und zu lernen. Denn am Ende des Tages ist ein Fehler immer nur dann ein Fehler, wenn wir ihn zwei Mal machen. Und was für Kinder gilt, gilt für uns Erwachsene erst recht. Weg mit der rosaroten Brille und her mit der positiven Grundhaltung!

> **Entscheidend ist einzig, wie wir mit Misserfolg umgehen.**

Das ist ganz einfach: Probleme erkennen, Probleme lösen und an der Aufgabe wachsen. Der Trick dabei ist, niemals im Problemdenken zu ertrinken, sondern jederzeit den Fokus auf mögliche Lösungen zu richten. Ihre Kinder werden es Ihnen danken.

62. WANN IST PROFIT EIN BÖSES WORT GEWORDEN?

Vor einiger Zeit fragte mich ein Zuhörer nach einem meiner Vorträge: »Sagen Sie, Herr Grzeskowitz, aus welchem Grund sind Sie eigentlich Unternehmer und Vortragsredner?« Wie es so meine Art ist, antwortete ich aus dem Bauch heraus: »Um Profit zu machen.« Mein Gesprächspartner lächelte verlegen und sagte dann: »Ja, natürlich. Aber ich meine den Hauptgrund. Warum tun Sie das, was Sie tun?« »Um Profit zu machen«, antwortete ich ein zweites Mal. Langsam wurde der Mann nervös: »Nein, ich meinte, warum Sie es wirklich tun. Sie wirken doch überhaupt nicht so profitgierig.«

Ich habe über diese Begegnung sehr lange nachgedacht und mich vor allem eins gefragt: Wann eigentlich ist Profit zu einem bösen Wort geworden, das man benutzt, um Menschen, Unternehmen und Organisationen in eine negative Ecke zu stellen? Dabei ist Profit per se etwas sehr Gutes, ja essenziell Notwendiges. Bob Burg, der Koautor des wunderbaren Buches *Der Go-Giver*, hat das sehr schön auf den Punkt gebracht, als er feststellte: »In einem wirklich freien Markt gibt es nur einen einzigen Weg, um Profit zu machen. Indem wir denjenigen Nutzen und Werte bieten, die sich freiwillig dazu entscheiden, bei uns zu kaufen.«

Genau darum geht es. Werte zu schaffen und Nutzen zu bieten für Menschen, die bereit sind, dafür Geld zu zahlen. Eine klassische Winwin-Situation. Aus diesem Grund ist Profit gut und für das langfristige Überleben eines Unternehmens unabdingbar. Natürlich habe auch ich viele weitere Motive, warum ich tue, was ich tue. Ich lasse mich von meiner Vision als rotem Faden leiten, liebe es, Unternehmen bei der Umsetzung von Change-Prozessen zu unterstützen und mit meinen Büchern einen Mehrwert zu bieten. Aber unterm Strich geht es immer um Profit.

Lassen Sie sich also beim nächsten Mal nicht aufs Glatteis führen, wenn man Ihnen wieder einmal einreden will, dass das Streben nach Gewinn eine Erfindung des Teufels sein soll. Wir leben in einer Zeit der verbalen Nebelkerzen, in welcher der Gott der Umverteilung auf einem glänzenden Sockel angebetet wird. Wer Werte und Nutzen schafft (und somit Profit macht), ist böse, derjenige, der diesen Profit nimmt und umverteilt, der ist gut.

> **Nur wenn sich Ihr Unternehmen in der Gewinnzone befindet, können Sie Gutes unterstützen.**

Ich habe mich schon vor langer Zeit entschieden, mich für Leistung, unternehmerisches Denken und Profitstreben nicht mehr zu entschuldigen, sondern stolz darauf zu sein. Und das Gleiche empfehle ich Ihnen auch. Nur wenn sich Ihr Unternehmen in der Gewinnzone befindet, können Sie auch Ihre Mitarbeiter bezahlen, Ihrer Familie ein Dach über dem Kopf bieten, für wohltätige Zwecke spenden, sich gesellschaftlich engagieren oder in innovative Technologien investieren. Denn alles, was man geben kann, muss immer zuerst geschaffen werden.

63. BEDINGUNGSLOSE GRUND-PRINZIPIEN

Nein, es geht in diesem Kapitel nicht um das zurzeit sehr beliebte bedingungslose Grundeinkommen. Auch wenn diese Idee auf den ersten Blick sehr verlockend klingen mag, so ist sie es bei genauerer Betrachtung leider nicht mehr, denn wie bei allen anderen sozialistisch geprägten Erscheinungsformen ist die Teilnahme an solchen Experimenten leider nicht freiwillig. Aber kehren wir zurück zur Überschrift dieses Abschnitts, zu den bedingungslosen Grundprinzipien. Diese können nämlich die Art und Weise, wie Sie Ihren Beruf ausüben, wie Ihr Business läuft und wie Sie Ihr Leben führen, dramatisch verändern. Sie haben es zumindest bei mir getan.

Seien Sie flexibel in Ihrem Handeln, aber konsequent in Ihren Werten.

Ich spreche von Grundvoraussetzungen, von minimalen Bedingungen oder Anforderungen, die darüber entscheiden, ob Sie Dinge tun oder lassen. Nehmen wir zum Beispiel das Business. Als ich mich vor vielen Jahren zum ersten Mal mit dem Konzept der bedingungslosen Grundprinzipien auseinandergesetzt habe, stellte ich mir folgende Frage: Was muss unbedingt gegeben sein, um einen Job übernehmen, ein Unternehmen gründen oder eine geschäftliche Gelegenheit wahrnehmen zu können?

Die Antworten sind seither so gut wie gleich geblieben und lauten wie folgt:

Ich muss in der Lage sein, damit Geld zu verdienen.

Ich muss eigenverantwortlich und selbstbestimmt entscheiden können.

Es muss etwas Sinnvolles sein.

Es muss vor allem verdammt viel Spaß machen.

Dies sind die Faktoren, die für mich bei allem, was ich tue, entscheidend sind. Sie sind nicht verhandelbar und dienen mir als eine Art interne Verfassung meines unternehmerischen Daseins. Wird auch nur eines dieser Grundprinzipien dauerhaft verletzt, dann treffe ich entsprechende Maßnahmen.

Unterm Strich gilt folgende Faustformel: Seien Sie flexibel in Ihrem Handeln, aber konsequent in Ihren Werten. Oder um es mit Victor Hugo zu sagen: »Wechseln Sie Ihre Meinung, aber bleiben Sie bei Ihren Prinzipien. Wechseln Sie Ihre Blätter, aber behalten Sie Ihre Wurzeln.« Dieser weise Satz bringt mich zur entscheidenden Frage:

Wie sehen Ihre bedingungslosen Grundprinzipien für die unterschiedlichen Lebensbereiche aus?

Was sind Ihre Bedingungen und Ihre nicht verhandelbaren Voraussetzungen, damit Sie Ihrem Beruf voller Leidenschaft und Motivation nachgehen können?

Je konkreter Sie Ihre Prinzipien formulieren können, desto flexibler werden Sie in Ihrem Verhalten sein. Je mehr Sie auf stabile Grundsätze zurückgreifen können, desto besser sind Sie in der Lage, auch in Zeiten der permanenten Veränderung dem Wandel die Stirn zu bieten.

64. TRAUEN SIE SICH, DAS SCHWARZE SCHAF ZU SEIN

Es ist ein wunderschöner Sommertag. Während die Sonne langsam hinter den Wipfeln der Bäume versinkt, sitze ich auf meiner Terrasse und lausche den Klängen von John Frusciante, meinem Lieblingsgitarristen. Und während das geniale Solo von *The Will to Death* erklingt, frage ich mich zum wiederholten Male, wie dieser Ausnahmekünstler es immer wieder schafft, mich mit seiner Musik so zu berühren.

Die Antwort ist dabei so einfach wie verblüffend: Er macht alles anders als die anderen. Sein Stil ist nicht mal im Ansatz mit Clapton, Page, Hendrix oder Van Halen vergleichbar. Ganz im Gegenteil. Er packt Effekte, Strukturen und Melodien in drei kurze Minuten, die andere Künstler in einem ganzen Album nicht unterzubringen vermögen. Er ist klar, kongruent und einzigartig in allem, was er tut.

Ich würde mir wünschen, dass es auch im Business viel mehr Menschen geben würde, die sich trauen, ihre Einzigartigkeit auszudrücken und das schwarze Schaf in der angepassten Herde zu sein. Doch schauen Sie sich um. In der Gesellschaft. In Ihrer Branche. In Ihrer Firma. Sie werden feststellen, dass sich der Großteil eher darauf spezialisiert hat, sein Fähnchen nach dem Wind zu hängen und es allen recht zu machen. Je nachdem, was man erreichen will, ist man in seiner Meinung eben sehr flexibel.

Vielleicht kennen Sie ja das berühmte Bonmot des Komikers Groucho Marx, der genau diese Biegsamkeit der eigenen Meinung wie folgt beschrieben hat: »Ich habe eiserne Prinzipien. Wenn Sie Ihnen nicht gefallen, habe ich auch noch andere.« Nach dieser Maxime handeln leider immer noch sehr viele Unternehmer, Manager und Führungskräfte. Weil sie Angst vor Zurückweisung, Entzug von möglichen Aufträgen oder persönlichen Gefälligkeiten haben, sagen sie grundsätzlich das, von dem sie glauben, dass ihr Gegenüber es hören möchte. Und leider niemals das, was sie wirklich denken, fühlen und meinen. Das ist tragisch. Extrem tragisch.

Echte Freiheit und Erfüllung erfahren diejenigen, die kongruent leben.

Echte Freiheit und Erfüllung erfahren dagegen diejenigen, die kongruent leben. Bei denen Werte, Worte und Taten im Einklang stehen. Es erstaunt nicht, dass diese Menschen auch im Außen überdurchschnittlich erfolgreich sind.

Nun folgt eine mutige Idee: Machen Sie es in Ihrem täglichen Business genauso wie John Frusciante. Setzen Sie sich über gängige Konditionen hinweg und drücken Sie Ihre Individualität durch Ihre verbale und nonverbale Kommunikation aus. Auch wenn es nicht immer populär sein wird – haben Sie eine klare Meinung und trauen Sie sich, diese auch kundzutun. Dazu gehört manchmal auch, bewusst Konflikte einzugehen. Das ist gut so, weil Sie daran wachsen. Wichtig ist in solchen Fällen eigentlich nur eins, nämlich dass Sie hart in der Sache, aber wertschätzend auf der persönlichen Ebene kommunizieren. Je klarer, verbindlicher und konsequenter Sie Ihre Überzeugungen und Werte leben, desto erfolgreicher werden Sie sein. Als Unternehmer. Als Vater oder Mutter. Als Mensch.

65. ASSE IM ÄRMEL

Kennen Sie auch diese Menschen, denen scheinbar alles gelingt? Die sämtliche Aufgaben leicht, locker und mit großer Freude erledigen? Dann können Sie von einer Tatsache ausgehen: dass hinter dieser äußerlichen Leichtigkeit sehr viel harte Arbeit, Vorbereitung und Training stecken. Rory McIlroys Golfspiel sieht nur deshalb so spielerisch elegant aus, weil er jahrelang jeden einzelnen Tag Tausende von Bällen auf der Range geschlagen hat. Die Zauberkünste von Dai Vernon erscheinen nur deshalb so locker und beiläufig, weil er jeden einzelnen Handgriff wieder und wieder trainiert hat. Und die Gags von Mario Barth wirken nur deshalb so spontan und individuell, weil er sie bis hin zur Betonung geplant, geprobt und einstudiert hat. Leichtigkeit ist immer das Ergebnis harten Trainings.

Vor einiger Zeit habe ich im NDR eine Reportage über die großen Showmaster der deutschen Fernsehgeschichte gesehen. Drei kleine Anekdoten haben mich dabei besonders beeindruckt. Wussten Sie, dass der große Heinz Erhardt selbst nach über dreißig Jahren Bühnenerfahrung vor jedem Auftritt so aufgeregt war, dass er zur Beruhigung einen DoDo (doppelten Doornkaat) trinken musste? Der von mir sehr bewunderte Hans-Joachim Kulenkampff hingegen nutzte seine große Erfahrung, um zu improvisieren. Er hatte zwar vor jeder Show einen groben Plan im Kopf, wusste aber oft selbst kurz vorher noch nicht genau, was er machen würde. Dann gab er sich dem Moment hin, stellte sich individuell auf seine Gäste ein und überzog meistens um viele Minuten. Das genaue Gegenteil hiervon war der leider viel zu früh verstorbene Rudi Carrell. Der holländische Entertainer überließ bei seinen Shows niemals etwas dem Zufall. Das Licht, die Pause, ja selbst die scheinbar spontanen Pannen wurden von ihm detailliert geplant und – oftmals zum Leidwesen seines Teams – so lange geprobt, bis sie jeder Einzelne im Schlaf beherrschte.

Rudi Carrell hat seine Philosophie in einem wunderbaren Satz zusammengefasst, den Sie perfekt auf Ihr Business, Ihre Hobbys, ja Ihr ganzes Leben übertragen können: »Wenn du etwas aus dem Ärmel schütteln willst, musst du es vorher hineintun.«

Das ist einer dieser Sätze, über die es sich lohnt, etwas intensiver nachzudenken. Ein Satz, den man sacken lassen muss. Womit verbringen Sie den Großteil Ihrer Zeit? Je mehr Asse Sie in Ihrem Ärmel haben, desto flexibler können Sie mit den unterschiedlichsten Herausforderungen des Alltags umgehen. Je mehr Sie sich vorbereiten, trainieren und an den handwerklichen Fähigkeiten Ihres Berufs arbeiten, desto leichter fällt es Ihnen, vor allem dann zu glänzen, wenn Ihnen der Wind der Veränderung besonders hart ins Gesicht bläst.

> **Je fitter Sie in Ihrem Beruf sind, desto standfester zeigen Sie sich im Wind der Veränderung.**

Darüber hinaus ist noch eine Tatsache nicht aus den Augen zu verlieren: Je mehr Sie Ihren Ärmel füllen, desto mehr Spaß macht das Schütteln.

66. DIE WELT BRAUCHT MEHR BATTERIEWECHSLER

Es war ein gewöhnlicher Dienstagnachmittag im November. Wie so häufig saß die komplette Abteilungsleiterriege im Besprechungsraum des Warenhauses zum wöchentlichen Jour fixe zusammen. An jenem Tag sollten die einzelnen Abteilungen ihre Maßnahmen für das kommende Weihnachtsgeschäft vorstellen. Den Start machte Frau Müller (nicht ihr echter Name) aus der DOB (Damenoberbekleidung). Doch als sie mit dem Presenter zur ersten PowerPoint-Folie klicken wollte, geschah es. Nämlich nichts. Hektisch drückte sie auf der Fernbedienung herum und starrte voller Hoffnung auf die Leinwand. Doch auch der zehnte Klick auf den Presenter brachte keine Veränderung: Immer noch war nur der Startbildschirm zu sehen. Die Technik funktionierte nicht.

Es dauerte nicht lange, bis das Gemurmel im Raum losging. »Es müsste dringend jemand was tun«, sagte einer. »Typisch IT-Abteilung, nicht mal das bekommen sie hin«, ergänzte ein anderer. Ein Dritter beklagte sich: »Kein Wunder – bei der uralten Ausstattung, mit der wir hier arbeiten müssen, kann das ja nicht klappen.« Fast alle Abteilungsleiter stimmten in das Wehklagen und die gegenseitigen Schuldzuweisungen ein. Es wurde heftige Kritik geübt. An den Technikern, der Verwaltung, der Zentrale, an der unfähigen (weil technisch völlig unbegabten) Kollegin und sogar am Vorstand. Die Stimmung kochte. Und das nur, weil ein Presenter nicht funktionierte.

Wahrscheinlich wäre es noch länger so weitergegangen, wenn nicht Frau Wohlgemut, die junge Abteilungsleiterin aus der Parfümerie, etwas getan hätte, womit keiner rechnete. Sie kramte in ihrer Tasche, erhob sich von ihrem Platz und ging wortlos nach vorne. Dann ließ sie sich von der verdutzten Frau Müller den Presenter geben, öffnete die Verschlussklappe und wechselte die Batterien. »So«, verkündete sie ihren Kollegen, »jetzt geht's wieder. Wir können weitermachen!«

In diesem Moment war ich richtig stolz. Denn die Welt braucht definitiv keine weiteren Menschen, die ganz genau wissen, was die anderen alles falsch machen. Stattdessen braucht die Welt dringend mehr Menschen wie meine junge Abteilungsleiterin. Sie braucht mehr Batteriewechsler. Menschen, die mutig handeln, Fehler machen und Verantwortung übernehmen.

> **Die Welt braucht Menschen, die mutig handeln, Fehler machen und Verantwortung übernehmen.**

Es ist Zeit, eine Entscheidung zu treffen. Wollen wir Verantwortung übernehmen oder die Leistungen anderer zerreden? Gehen wir dahin, wo es wehtut, oder kritisieren wir das Geschehen aus der sicheren Entfernung? Wollen wir Batteriewechsler oder Besserwisser sein? Wir alle haben jeden Tag die Wahl! Wofür entscheiden Sie sich? Aus meiner Sicht gibt es auf diese Frage nur eine einzige Antwort. Wie der amerikanische Footballstar Cam Newton von den Carolina Panthers so schön sagte: »Kontrollieren Sie, was Sie kontrollieren können. Aber haben Sie niemals schlaflose Nächte wegen etwas, was Sie nicht kontrollieren können. Denn am Ende des Tages werden Sie immer noch keine Kontrolle darüber haben.«

67. MACH'S WIE HORST SCHLÄMMER

»Schätzelein, ich hab grade einen schönen Doornkaat getrunken, weisse Bescheid?« Haben Sie, wenn Sie diesen Satz lesen, auch das Bild des von Hape Kerkeling verkörperten stellvertretenden Chefredakteurs des Grevenbroicher Tageblatts, Horst Schlämmer, vor Augen? Ich sehe ihn deutlich vor mir, den älteren Herrn im grauen Kittel, mit den gelockten Haaren und dem etwas schiefen Gebiss. Auch wenn es schwer vorstellbar ist, können wir doch von Horst Schlämmer etwas sehr Wichtiges für unseren unternehmerischen Alltag lernen. Denn sein liebster Wahlspruch lautet: »Knallhart nachgefragt, knallhart recherchiert.« Hinter diesem etwas kryptisch formulierten Satz versteckt sich nämlich der wichtigste Grundsatz für gute Kommunikation.

> Omas Tipp:
> doppelt so viel zuhören
> wie reden.

Meine Großmutter hat das vor vielen Jahren einmal wesentlich einfacher formuliert. Dazu müssen Sie wissen, dass ich als Kind sehr gerne und vor allem viel geredet habe. Das ging sogar so weit, dass mir ein ehemaliger Fußballtrainer zu meiner Zeit in der C-Jugend einmal den Spitznamen »Gisela Schlüter« gab. Im Nachhinein betrachtet war es daher wohl auch irgendwie logisch, dass ich heute mein Geld mit Reden verdiene. Doch gerade im familiären Umfeld konnte mein permanentes Mitteilungsbedürfnis durchaus auch einmal nervend sein.

So verwundert es nicht, dass meine Oma eines Tages am Mittagstisch zu mir sagte: »Junge, weißt du eigentlich, warum der Herrgott dir zwei Ohren, aber nur einen Mund gegeben hat?« Ich wollte gerade zu einer ausführlichen Erklärung ausholen, da bekam ich die Antwort gleich mitgeliefert: »Damit du doppelt so viel zuhören kannst wie reden.«

Wie recht sie damit doch hatte. Beobachten Sie einmal bewusst, wie der Großteil der Unterhaltungen heutzutage abläuft. Niemand hört mehr richtig zu. Fragen werden nicht mehr gestellt, um eine Antwort zu erhalten, sondern nur um seine eigene Meinung kundzutun. Vor Kurzem habe ich in der Lounge am Flughafen die Unterhaltung zweier Manager mitbekommen. Die haben ganze zehn Minuten aneinander vorbeigeredet, ohne dass einer von beiden es wahrgenommen hätte. George Bernard Shaw hat diese Form des aktiven Nicht-miteinander-Redens sehr treffend mit folgenden Worten zusammengefasst: »Das größte Problem der Kommunikation ist die Illusion, sie hätte stattgefunden.«

Ich folge heute dem Rat meiner Großmutter und versuche mich, so gut es geht, an folgende drei Grundsätze zu halten, die ich Ihnen gerne ans Herz legen möchte:

1. Stellen Sie eine Frage nur dann, wenn Sie die Antwort auch wirklich interessiert.
2. Hören Sie aktiv zu, was Ihr Gegenüber zu sagen hat.
3. Gehen Sie in jede einzelne Kommunikation mit der Intention, dass es Ihrem Gesprächspartner hinterher besser geht als vorher. Machen Sie es wie Horst Schlämmer und lassen Sie sich überraschen, welch grandiose Welt sich Ihnen dadurch eröffnet. Weisse Bescheid?

68. WAS KANT ÜBER VERÄNDERUNG WUSSTE

Eine meiner Lieblingsgeschichten handelt von zwei Fröschen. Diese lebten auf einem Feld in einer großen Furche, die ein alter Traktorreifen dort hinterlassen hatte. Ihr Leben war sehr angenehm. Sie sprangen von einem Ende der Furche zum anderen, sonnten sich in einer warmen Ecke, badeten in den Regenpfützen und manchmal fingen sie sich eine schmackhafte Fliege. Ja, diese beiden Frösche hatten es sich so richtig schön eingerichtet. Sie waren zufrieden, es gab genug zu essen und sie ließen es sich einfach gut gehen.

Eines Tages wurde diese Idylle unterbrochen. Am Rand ihrer gemütlichen Furche tauchte ein fremder Frosch auf und rief ihnen voller Aufregung zu: »Freunde, was macht ihr denn da unten? Kommt nach oben, denn das Leben hier ist viel schöner, bunter und spannender als da unten in eurer langweiligen Furche. Hier gibt es einen riesigen Tümpel, in dem so viele Fliegen leben, dass man gar nicht alle fangen kann. Und am Waldesrand wohnen die schönsten Froschweibchen, die ihr je gesehen habt. Also los, kommt rauf zu uns.«

Entrüstet lehnten die beiden Frösche in der Furche dieses Angebot ab. »Nein danke, wir fühlen uns hier richtig wohl. Wir haben alles, was wir brauchen. Wer weiß, was uns da oben erwartet. Es kann ja nur schlechter werden.«

»Aber Freunde«, antwortete der fremde Frosch, »das stimmt nicht. Es ist hier oben so unglaublich schön, das müsst ihr gesehen haben.« Doch die beiden Frösche in der Furche blieben stur und entschieden sich, in ihrem gewohnten und bequem eingerichteten Umfeld zu bleiben.

Trotzdem gab der fremde Frosch nicht auf und kam in den nächsten Wochen täglich vorbei, um die beiden doch noch davon zu überzeugen, mit ihm nach oben zu kommen. Er beschrieb ihnen die neue Welt in den buntesten Farben. Er malte ihnen aus, was sie gemeinsam alles Tolles erleben, unternehmen und erfahren würden. Doch die Antwort war jeden Tag die gleiche: »Nein. Es ist so gemütlich hier. Wir bleiben lieber, wo wir sind.« So ging es tagaus, tagein.

Bis eines Nachmittags ein furchterregendes Geräusch die Furche erschütterte. Die beiden Frösche schauten sich an. So einen grauenvollen Klang hatten sie ja noch nie gehört. Was konnte das bloß sein? Während sie noch überlegten, wurde das Geräusch immer lauter. Als es so schlimm wurde, dass man sein eigenes Gequake nicht mehr verstehen konnte, drehte sich der eine Frosch um. Was er da sah, ließ ihn erschaudern. Er versuchte, seinen Freund zu warnen: »Vorsicht, da kommt ein Trak...«

Die Moral von der Geschicht': Wenn Veränderungen scheitern, dann nicht, weil wir etwas nicht können, nicht in der Lage dazu sind oder nicht die Möglichkeiten dazu hätten. Die wichtigste Voraussetzung ist immer, dass wir es auch wollen. Wer sich nicht verändern will, tut es auch nicht, egal wie schlimm seine Lage von außen betrachtet auch wirken mag. Einer meiner Leitsprüche lautet: »Müssen verhindert wollen. Wollen ist die wichtigste Grundlage, um etwas zu können.« Oder wie es Immanuel Kant so schön formulierte: »Ich kann, weil ich will, was ich muss.«

> **Wollen ist die wichtigste Grundlage, um etwas zu können.**

69. KEINE ANGST VOR VERÄNDERUNG

»Das älteste und stärkste Gefühl ist Angst, die älteste und stärkste Form der Angst ist die Angst vor dem Unbekannten.« Dieses Zitat stammt von dem amerikanischen Schriftsteller H. P. Lovecraft und bringt das menschliche Verhalten ganz wunderbar auf den Punkt. Angst ist der entscheidende Antreiber, wenn es um Veränderung geht. Entweder tun wir etwas, weil wir Angst vor dem haben, was passieren würde, wenn wir nichts täten. Oder wir tun Dinge nicht, weil wir Angst hätten, wenn wir es tun würden. Ein vollkommen angstfreies Leben gibt es nicht.

Die Angst ist Ihr Freund.

Weil es so wichtig ist, möchte ich zwei Punkte besonders betonen. Erstens: Es ist vollkommen normal, Angst zu haben. Jeder hat sie. Ich genauso wie Sie. Barack Obama genauso wie die Kassiererin aus dem Supermarkt. Der Vorstandsvorsitzende des erfolgreichen DAX-Konzerns genauso wie die Hausfrau und Mutter. Wann immer Sie auf einen dieser Zeitgenossen treffen, die behaupten, dass sie keine Angst hätten, können Sie davon ausgehen, dass Sie gerade angelogen werden.

Punkt zwei ist noch wichtiger. Entscheidend für Ihre Zufriedenheit, Ihren Erfolg und die Resultate in Ihrem Leben ist einzig und allein, wie Sie mit der Angst umgehen. Ihnen stehen grundsätzlich zwei Möglichkeiten zur Auswahl. Sie erstarren wie das Kaninchen vor der Schlange und lassen sich lähmen, oder aber Sie nutzen diese kraftvollste aller Emotionen dafür, um produktiv und zielgerichtet ins Handeln zu kommen. Um anders zu denken, sich zu verändern und mutig neue Wege zu gehen.

Gerade wenn Sie vor schweren Entscheidungen stehen, ist es völlig normal, wenn Sie zweifeln, unsicher sind und Angst vor dem Unbekannten haben. Doch das Fatalste, was Sie jetzt tun können, ist, sich diesen Gefühlen hinzugeben, die bequeme Komfortzone vorzuziehen und dadurch eine sich selbst verstärkende Negativspirale in Gang zu setzen. Sehen Sie diese Gefühle lieber als einen Hinweis darauf an, dass Sie gerade vor einem großen Durchbruch stehen. Glauben Sie mir: Je größer eine Veränderung ist, desto größer ist auch die damit einhergehende Angst. Oder andersherum: Wenn Sie weder Zweifel noch Unsicherheit verspüren, dann können Sie davon ausgehen, dass Ihr geplantes Vorhaben nicht groß genug ist.

Mit der Angst vor dem Unbekannten verhält es sich daher ein wenig wie bei Goethes Faust. Sie ist die Kraft, die das Gute will (nämlich uns vor Verletzungen und Niederlagen schützen), aber so häufig das Böse schafft (indem wir uns von der Angst lähmen lassen und damit zwangsläufig der Stillstand dominiert).

Die positive Nachricht kommt zum Schluss: Nur Sie selbst bestimmen, für welche Seite Sie sich entscheiden. Ob Sie sich lähmen lassen oder sich mutig den Zweifeln stellen. Ob Sie die Angst als Ihren Feind oder Ihren Freund betrachten. Denn richtig genutzt, ist diese älteste und stärkste Emotion der Menschheit die kraftvollste Verbündete, die Sie bei einer geplanten Veränderung haben können.

70. HURRA, WIR LEBEN NOCH

Im Jahr 2004 hatte ich die wohl schwerste Herausforderung meiner beruflichen Karriere zu meistern. Als Projektleiter sollte ich das ehemals erfolgreichste Kaufhaus Berlins, das altehrwürdige Hertie in der Neuköllner Karl-Marx-Straße, zu einem Outlet-Center umwandeln. Es war der allerletzte Versuch, den Standort noch zu retten.

Anfang der Neunzigerjahre arbeiteten in dem über 40 000 qm großen Kaufhaus noch 1200 Mitarbeiter und die Umsätze gingen direkt nach der Maueröffnung durch die Decke. An meinem ersten Tag im Haus waren es gerade noch 120 Mitarbeiter, die verzweifelt versuchten, die Umsatzeinbrüche aufzuhalten, die seit Langem bei über zwanzig Prozent pro Jahr lagen. Es war ein hoffnungsloser Kampf, denn der Niedergang war bereits zu weit fortgeschritten. Ganze Abteilungen waren seit Jahren geschlossen. Es verirrten sich immer weniger Kunden in das Kaufhaus, das von der Atmosphäre manchmal an eine Geisterstadt erinnerte.

Nun stehe ich in einem muffigen Besprechungsraum. Vor mir sitzen die verbliebenen sechs Abteilungsleiter und sehen mich mit ängstlichen Augen an. Der amtierende Geschäftsführer steht nur wenige Wochen vor seiner Pensionierung und macht bei meiner Vorstellung keinen Hehl aus seiner Meinung: »Meine Damen und Herren, darf ich Ihnen Herrn Grzeskowitz vorstellen? Er ist hier, um unserem Kaufhaus den Todesstoß zu versetzen. Ich halte die Strategie für völlig falsch, aber die jungen Leute denken ja immer, sie wüssten alles besser.«

Rums! Können Sie sich vorstellen, wie ich mich gefühlt habe? Obwohl ich nur der Überbringer der neuen Wege war, bekam ich die gesamte Wut und Hoffnungslosigkeit der Versammelten zu spüren. Doch es war ein einzelner Satz, der sich mir bis heute ins Gedächtnis eingebrannt hat. Herr Müller, Abteilungsleiter, stand auf, blickte mir direkt in die Augen und sagte dann: »Aber verstehen Sie es denn nicht, Herr Grzeskowitz? Wir können diese neuen Ideen hier nicht gebrauchen, weil dann unser Kaufhaus stirbt. Aber wir wollen nicht sterben. Wir wollen leben!« Im ersten Moment war ich geschockt, denn obwohl das alte Konzept mit Pauken und Trompeten gescheitert war, hielten die Führungskräfte mit einer Energie daran fest, die sie besser in die mögliche Rettung gesteckt hätten.

Gleichzeitig ist mir etwas bewusst geworden, was in den folgenden Jahren eine Art Mantra für meine Arbeit geworden ist: So schwer, hart oder einschneidend eine Veränderung auch sein mag, es wird niemand davon sterben. Es ist »nur« Business – uns bleiben immer noch die Menschen, die uns lieben, es gibt immer Hoffnung, und wir sind immer in der Lage, etwas Neues aufzubauen. In dieser Einstellung liegt viel mehr Kraft als im destruktiven Festhalten an alten Konzepten.

> **So hart eine Veränderung auch sein mag – es wird niemand davon sterben.**

Wenn Sie in Zukunft vor einer schwierigen Veränderung stehen, erinnern Sie sich daran: Niemand wird sterben. Und möglicherweise haben Sie dabei den alten Schlager von Milva im Ohr: *Hurra, wir leben noch.*

71. BRÜCKEN STATT ZÄUNE

Ich sitze in der Lounge des JFK Airports in New York. Aus den Lautsprechern erklingt *Man in the Mirror* von Michael Jackson. Ich liebe diesen Song. Er bringt mich zum Nachdenken. Und in diesen Tagen denke ich viel nach. Über die sich verändernde Gesellschaft. Zunehmenden Rassismus. Über Donald Trump, die AfD und die Angst der Menschen vor fremden Kulturen. Über die Planung von Mauern und Zäunen an den Grenzen von Europa und den USA.

Gleichzeitig blicke ich mit einem Gefühl der Dankbarkeit auf die Erlebnisse der letzten Tage zurück. Gemeinsam mit Menschen aus der ganzen Welt war ich auf einer wunderbaren Konferenz und habe viele tief greifende Gespräche geführt. Diesen interkulturellen Austausch genieße und erlebe ich regelmäßig, wenn ich als Keynote-Speaker für meine Kunden im Ausland tätig bin. Und immer wieder geht mir eine Frage durch den Kopf: Wenn die Menschen aus aller Welt im Kleinen so wunderbar miteinander auskommen, warum gelingt es dann nicht im Großen?

Bauen Sie Brücken statt Zäune!

Wahrscheinlich liegt die Antwort im Wesen der Politik und den Auswirkungen von zu viel Macht in den Händen einzelner Personen versteckt. Aber da ich diese Zusammenhänge sowieso nicht verändern kann, habe ich mich entschieden, wenigstens in meinem Umfeld einen Unterschied zu machen. Denn wenn ich eines auf meinen vielen Reisen um die Welt gelernt habe, dann ist es dies: Trotz aller kulturellen, sozialen und ethnischen Differenzen verbindet uns Menschen doch viel mehr als uns trennt. Abseits aller Masken, Schubladen und Rollen, die wir täglich spielen, sind wir am Ende des Tages doch vor allem eins: Bewohner dieses wunderbaren Planeten namens Erde.

Auch in unserem täglichen Business können wir mehr Gemeinsamkeiten als Unterschiede entdecken. Obwohl unsere Mitarbeiter, Kollegen und Kunden alle vollkommen verschieden sind, haben sie doch viel mehr gemeinsam, als wir manchmal wahrzunehmen bereit sind. Spannende Dinge geschehen, wenn wir uns nicht auf die Unterschiede konzentrieren, sondern voneinander lernen, füreinander da sind und gemeinsam wachsen.

Daraus lässt sich eine wichtige Idee für Sie als Unternehmer ableiten: Bauen Sie Brücken statt Zäune! Auch Ihre Mitarbeiter wollen grundsätzlich alle das Gleiche. Sie wollen Anerkennung für ihre Leistung. Das ist viel wichtiger als jedes Gehalt der Welt. Sie wollen gelobt werden, ihre Talente einbringen können und in einer positiven Atmosphäre arbeiten, sodass sie jeden einzelnen Tag mit Spaß und Freude in die Firma kommen. Was würde passieren, wenn Sie sich nicht mehr auf die vermeintlichen Unterschiede konzentrieren würden, sondern auf diese Gemeinsamkeiten?

Schließen möchte ich das Kapitel mit den Worten von Martin Luther King jr., der einmal sagte: »Wir müssen lernen, zusammen als Brüder zu leben, oder wir werden als Narren untergehen.« Wie viel Wahrheit doch in diesen Worten steckt.

72. DIE WICHTIGSTE EIGENSCHAFT VON ALLEN

Von Management-Vordenker Peter Drucker stammt die Aussage: »Wenn Sie irgendwo ein erfolgreiches Unternehmen sehen, dann liegt es daran, dass irgendwann irgendjemand eine mutige Entscheidung getroffen hat.« Zwischen den Zeilen schwingt noch etwas anderes mit. Jeder erfolgreiche Unternehmer ist immer auch ein guter Entscheider. Oder andersherum: Wenn Sie nicht die gewünschten Ergebnisse in Ihrem Leben erzielen, dann liegt die Vermutung nahe, dass Sie an Ihrer Entscheidungskompetenz arbeiten sollten.

Die Fähigkeit, Entscheidungen zu treffen, ist die wichtigste Eigenschaft von allen. Sie bestimmt über Kultur, Umsätze und Ergebnisse jeder Organisation. Dieser Zusammenhang gilt natürlich auch umgekehrt. Das Resultat fehlender Entscheidungen ist in Organisationen jeder Größe immer gleich: Angst vor Fehlern, das Verwalten des Status quo und schlussendlich Stillstand. Besuchen Sie einfach eine öffentliche Behörde, und Sie wissen, wovon ich spreche.

Wenn Entscheidungen aber über Erfolg und Misserfolg bestimmen – warum tun sich dann viele Menschen so schwer damit? Ich glaube, der wichtigste Grund liegt darin, dass der Begriff mittlerweile vollkommen falsch verwendet wird. Denn wenn Ihnen jemand mitteilt, dass er eine Entscheidung getroffen hat, dann meint er damit in der Regel, dass er eventuell einmal darüber nachdenken wird, wie es wäre, wenn er unter Umständen etwas tun würde. In der täglichen Kommunikation hört sich das dann meist wie folgt an:

»Ich sollte dringend ...«

»Man müsste endlich mal ...«

»Es wäre schön, wenn ...« usw.

Der Grund für diese Wischi-waschi-Attitüde ist meist, dass man sich alle Optionen offenhalten will. Denn jede Entscheidung *für* etwas ist gleichzeitig immer auch eine Entscheidung *gegen* die Alternative(n). Wir können entweder Karriere oder jeden Tag pünktlich Feierabend machen. Wir können mit unseren Kumpels zum Partyurlaub nach Mallorca fliegen oder Zeit mit der Familie verbringen. Wir können das kalkulierte Risiko für eine neue Geschäftsidee wagen oder lieber beim vermeintlich sicheren Status quo bleiben. Sich zu entscheiden heißt also immer, sich festzulegen. Und dazu sind die wenigsten bereit. Denn es ist nicht so, dass jemand sich nicht entscheiden *kann*. Er will nur nicht.

Ihr Erfolg als Unternehmer steht und fällt mit der Fähigkeit, Entscheidungen zu treffen. Echte Entscheidungen. Im Großen wie im Kleinen. Mit allen Konsequenzen. Je mehr Sie dies trainieren, desto leichter wird es Ihnen fallen. Treffen Sie also als Allererstes die Entscheidung, ab sofort zu entscheiden. Zeitnah, nachvollziehbar und basierend auf Ihren Prioritäten. Je mehr Sie das tun, desto klarer, verbindlicher und erfolgreicher wird Ihre Kommunikation und damit Ihr unternehmerischer Erfolg.

> **Ihr Erfolg als Unternehmer steht und fällt mit der Fähigkeit, Entscheidungen zu treffen.**

Denn wie sagte Ralph Waldo Emerson so schön: »Sobald du eine Entscheidung triffst, wird das Universum alles dafür tun, um sie Wirklichkeit werden zu lassen.«

73. NIEMAND GEWINNT ALLEIN

Wenn ich eines in den letzten fünfzehn Jahren gelernt habe, dann dies: Niemand gewinnt allein. Daher glaube ich fest an Teamwork. An Menschen, die gemeinsam ein großes Ziel verfolgen und alles dafür geben, die bestmöglichen Resultate zu erzielen. Doch nicht immer verhalten sich Mitarbeiter, Kollegen und Teammitglieder so, wie wir es von Ihnen erwarten. Manch einer neigt dazu, sich gegen Veränderungen zu sträuben, mit angezogener Handbremse zu arbeiten oder die gemeinsamen Ziele sogar zu sabotieren. Und ich bin mir sicher, dass Sie genau in diesem Augenblick das ein oder andere Gesicht aus Ihrem eigenen Unternehmen vor Augen haben, nicht wahr?

Niemand gewinnt allein.

Glauben Sie mir, Sie sind nicht allein. Eine der meistgestellten Fragen nach meinen Vorträgen lautet: »Ilja, als Unternehmer bin ich Veränderungen gegenüber sehr aufgeschlossen. Aber was mache ich, wenn meine Mitarbeiter nicht mitziehen wollen?« Und meine Antwort ist immer gleich: »Orientieren Sie sich an der 10/75/15-Regel.« Diese können Sie auf so gut wie jedes Team anwenden.

Sie besagt Folgendes: Zehn Prozent Ihrer Mitarbeiter denken und handeln wie Unternehmer. Sie sind hoch motiviert, arbeiten selbstständig und liefern überdurchschnittliche Resultate ab. Fünfzehn Prozent haben innerlich gekündigt. Sie sind maximal nur noch körperlich anwesend, leisten Dienst nach Vorschrift und sträuben sich gegen jede Form von Veränderung. Und fünfundsiebzig Prozent befinden sich genau dazwischen. Auf exakt diese Menschen sollten Sie sich konzentrieren.

Ihre Highperformer sind Selbstläufer. Sie sind froh, wenn Sie einen hohen Grad an Entscheidungsfreiheit genießen, und in der Lage, sich selbst zu motivieren. Ein regelmäßiges Feedbackgespräch mit einer großen Portion Lob und Anerkennung reicht hier vollkommen aus. Von Ihren Underperformern sollten Sie sich so schnell wie möglich trennen. Hier ist jede Liebesmüh vergebens, und das Einzige, was steigen wird, ist Ihr eigener Frust, Ihr eigener Ärger und Ihr eigenes Unverständnis.

Ihre volle Konzentration sollte den fünfundsiebzig Prozent gelten, die sich in der Mitte befinden. Hier haben Sie den größten Hebel und erreichen am meisten. Als Vorgehensweise lege ich Ihnen drei konkrete Schritte ans Herz.

Schritt 1: Sprechen Sie klare und eindeutige Erwartungen aus.
Schritt 2: Bieten Sie Ihre volle Unterstützung an, damit diese
Erwartungen erfüllt werden können.
Schritt 3: Kontrollieren Sie die Ergebnisse und führen Sie auf dieser
Grundlage regelmäßige Feedback- und Entwicklungsgespräche.

Sie werden feststellen, wie der Grad an Veränderungsresistenz dramatisch sinkt und die Motivation in Ihrem Team dauerhaft ansteigt. Und das ist entscheidend, denn ohne eine motivierte und zuverlässige Mannschaft ist der beste Unternehmer aufgeschmissen. Niemand gewinnt allein.

74. DON'T STOP BELIEVIN'

Ein Mann sitzt in einem amerikanischen Diner. In der Jukebox läuft *Don't Stop Believin'* von *Journey*. Nach und nach trudeln seine Familienmitglieder ein und setzen sich an den Tisch. Jedes Mal, wenn die Tür geöffnet wird, klingelt es, und der Mann schaut aufmerksam, wer den Raum betritt. Die Tochter kommt etwas später. Sie läuft auf die Tür zu. Es klingelt wieder. Die Musik hört abrupt auf zu spielen. Der Bildschirm wird schwarz.

Fans werden es erkannt haben: Dies war die letzte Szene meiner absoluten Lieblingsserie *Die Sopranos*; sie gehört für mich zu den brillantesten fünf Minuten, die jemals im Fernsehen gezeigt wurden. Nie zuvor wurde in eine einzige Kameraeinstellung so viel hineininterpretiert, noch nie zuvor hat ein Drehbuchautor so viel Wert auf Details, versteckte Hinweise und Symbole gelegt wie in dieser Serie um den Mafiaboss Tony Soprano aus New Jersey.

> »Alle unsere Träume können wahr werden, wenn wir den Mut haben, ihnen zu folgen.«
> **WALT DISNEY**

Genauso genial ist der Soundtrack, der sämtlichen Bildern eine hohe Emotionalität verleiht. Und der letzte Song hätte nicht passender gewählt werden können. *Don't Stop Believin'*: Hör nicht auf, an dich, deine Ziele und deine Träume zu glauben. Jedes Mal, wenn ich die ersten Töne des Pianos am Anfang des Liedes höre, muss ich unweigerlich an Walt Disneys Worte denken: »Alle unsere Träume können wahr werden, wenn wir den Mut haben, ihnen zu folgen.«

An diesem Punkt scheitern viele Unternehmer. Sie haben zwar einen Traum, doch sie glauben nicht wirklich daran, dass sie ihn auch verwirklichen können. Sie glauben nicht an sich. Das Ergebnis ist meist das gleiche. Man passt sich an, wird vernünftig und tut, was man eben so tut. Man ist nicht besonders glücklich, aber eben auch nicht unglücklich. Die klassische Definition von Mittelmaß. Doch mit schöner Regelmäßigkeit taucht immer wieder dieses nagende Gefühl auf, das sich einstellt, wenn man einen Traum hat, der mit aller Macht an die Oberfläche drängen will.

Kommt Ihnen das bekannt vor? Haben Sie auch einen Traum, der auf seine Verwirklichung wartet? Reden Sie sich auch regelmäßig ein, dass das alles gar nicht so einfach sei? Dass es vielleicht bei anderen funktioniere, nur eben bei Ihnen nicht? Dann möchte ich Ihnen mein Lieblingszitat von Jim Rohn vorstellen, der einmal sagte: »Wir alle leiden unter zwei Formen von Schmerz: dem Schmerz der Disziplin und dem Schmerz des Bereuens oder der Enttäuschung. Der Schmerz der Disziplin wiegt ein paar Gramm. Der Schmerz des Bereuens eine Tonne.« Dem ist nichts mehr hinzuzufügen.

Wovon auch immer Sie träumen – ob es nur von einer kleinen Sache ist oder von etwas, was das Potenzial besitzt, die Welt aus ihren Angeln zu heben –, ich würde mir wünschen, dass Sie sich selbst das Versprechen geben, an sich und Ihren Traum zu glauben. Immer. Denn wenn Sie es nicht tun, wer dann? Wenn Sie das nächste Mal im Begriff sind, aufzugeben, dann hören Sie sich noch einmal *Journeys Don't Stop Believin'* an und profitieren Sie von seiner aufrüttelnden Kraft. Und dann machen Sie einfach weiter. Bis Ihr Traum Wirklichkeit geworden ist. Ich glaube an Sie. Sie auch?

75. DISRUPTION, BABY, DISRUPTION

Im August 2015 hatte ich die Ehre, auf den Tobit.Campus-Tagen in der kleinen Stadt Ahaus sprechen zu dürfen. Übernachtet habe ich in einem futuristischen Hotel direkt auf dem Campus, von dem ich noch heute fasziniert bin. Es gibt dort weder eine Rezeption noch den Internetzugang für zwanzig Euro am Tag noch die immer gleiche Einrichtung vermeintlich moderner Hotelketten.

Stattdessen erwartet Sie ein Erlebnis der besonderen Art. Zum Einchecken benötigen Sie eine App und einen Facebook-Account. Ihr Smartphone ist gleichzeitig Ihr Zimmerschlüssel. Sie drücken den entsprechenden Button und die Tür öffnet sich mit einem coolen »Swoosh« in bester Raumschiff-Enterprise-Manier. Im Zimmer selbst können Sie alles entweder über das iPad an der Wand oder über Ihr Smartphone steuern: Licht, Musik, Netflix-Zugang und Zimmerservice. Während auf dem Flachbildschirm *Californication* lief, ein chilliges grünes Licht den Raum illuminierte und ich mir über die App einen Burger bestellte, ging mir nur ein einziger Gedanke durch den Kopf: disruption, baby, disruption!

Was hat es mit diesem Begriff auf sich? Wikipedia definiert eine disruptive Technologie als »eine Innovation, die eine bestehende Technologie, ein bestehendes Produkt oder eine bestehende Dienstleistung möglicherweise vollständig verdrängt«. Disruption findet überall statt. Gewohntes wird durch neue Technik möglicherweise komplett verdrängt. Auch in Ihrer Branche, in Ihrem Unternehmen und in Ihrem Leben.

Aber wie gehen Sie mit diesem Trend um? Mit einem beherzten »weiter so«? Oder entscheiden Sie sich, heute aktiv etwas zu verändern, um auch in Zukunft erfolgreich sein zu können? Die Märkte werden teilweise dramatisch erschüttert. Das habe ich gerade erst wieder am eigenen Leib erfahren, als ich zu meiner Promotion-Tour für *Think it. Do it. Change it.* in Boston und New York war. Übernachtet habe ich in einem Airbnb-Appartement, mein bevorzugtes Fortbewegungsmittel waren Uber-Taxis und mein Hauptkommunikationsmedium war Facebook. Warum ich das erwähne? Alle drei Unternehmen sind die jeweils größten ihrer Branche. Doch Uber besitzt nicht ein einziges Taxi, Airbnb keine eigenen Zimmer und Facebook keinen eigenen Content. Trotzdem haben sie mit ihren disruptiven Geschäftsmodellen die Wirtschaft erschüttert.

Disruption findet überall statt: in Ihrer Branche, Ihrem Unternehmen und Ihrem Leben.

Wie aber reagieren die Taxifahrer, Hotelbetreiber und Zeitungsverleger auf diese Entwicklung? In den meisten Fällen mit einem gepflegten »business as usual«. Wohin dieser Weg führt, können Sie an prominenten Marken wie Quelle, Holzmann oder Märklin sehen. Ein Grund für dieses Verhalten ist mir während eines Gesprächs mit dem Autor Jay Alan Samit klar geworden, den ich in Boston traf. Er sagte: »Die Mehrheit der Menschen ist nicht bereit, das zu riskieren, was sie sich aufgebaut haben, obwohl die große Chance besteht, etwas noch viel Besseres zu erreichen.«

Machen Sie es besser! Freuen Sie sich also über jede einzelne Disruption und handeln Sie entsprechend. Ganz nach dem Motto: disruption, baby, disruption!

76. DER BLICK IN DEN SPIEGEL

Vom griechischen Philosophen Sokrates stammt eines der bekanntesten Zitate der Menschheitsgeschichte: »Ich weiß, dass ich nichts weiß.« Wenn wir uns gemäß dem Motto dieses Buchs über Change unterhalten, erhält der zitierte Satz auch in diesem Zusammenhang eine wichtige Bedeutung. Denn Veränderung und Bewusstheit gehen Hand in Hand. Nur wenn wir uns unserer Denkmuster, Gewohnheiten und Verhaltensweisen bewusst sind, können wir sie auch verändern.

Klingt logisch, oder? Doch nur wenige Menschen widmen sich dieser regelmäßigen (und nicht immer leichten) Reflexion. Der Großteil lebt viel lieber im Autopilotmodus und tut das, was er tut, aus einem einzigen Grund: weil er es schon immer so getan hat. Gedanken, Entscheidungen und Ergebnisse werden nicht mehr hinterfragt, sondern irgendwann einfach als normal hingenommen. Natürlich sind Routinen im Leben wichtig. Daneben sind wir es uns jedoch auch selbst schuldig, regelmäßig einen mutigen Blick in den Spiegel zu wagen und uns dem zu stellen, was wir dort sehen.

Es gibt ein optimales Tool, das ich zu diesem Zweck mit fast allen meinen Coaching-Kunden nutze. Im ersten Schritt geht es um eine generelle Bestandsaufnahme dessen, was wir gemeinhin als Lebensqualität bezeichnen. Fragen Sie sich hierzu: Wie zufrieden bin ich auf einer Skala von null (vollkommen unzufrieden) bis zehn (besser geht es nicht mehr) in folgenden Lebensbereichen:

Job,

Finanzen,

Familie,

Partnerschaft,

Gesundheit und

persönliche Entwicklung?

Diese Form der Selbstreflexion kennen Sie aus meinem Buch *Attitüde* unter der Bezeichnung »Das Erfolgsrad«. Die sechs zuvor genannten Bereiche sollten auf Dauer in Balance sein, wobei kurzfristige Dysbalancen vollkommen normal sind.

Weil einige dieser Bereiche aber auch immer äußeren Einflüssen unterliegen, geht es jetzt mit Schritt zwei weiter. Dabei kümmern wir uns um Dinge, die ausschließlich Sie allein beeinflussen können. Niemand anders. Schauen Sie hierzu in den imaginären Spiegel und beantworten Sie offen, ehrlich und mutig folgende Frage: Wie ausgeprägt ist meine Attitüde auf einer Skala von null (gar nicht) bis zehn (maximal) in folgenden Bereichen:

> **Geben Sie sich niemals mit weniger zufrieden als mit dem Besten, was Sie zu bieten haben.**

Motivation,

Commitment,

Hartnäckigkeit,

Selbstbewusstsein,

Klarheit,

Zielstrebigkeit und

Herzblut?

Hier gibt es jedoch einen entscheidenden Unterschied zu Schritt eins. Erreichen Sie in einem dieser Bereiche nicht den maximalen Wert, sollten Ihre inneren Alarmglocken schrillen. Denn wenn es um Ihre eigene Einstellung, Ihre innere Haltung und Ihre Attitüde zum Leben geht, dann sollten Sie sich niemals mit weniger zufriedengeben als mit dem Besten, was Sie zu bieten haben.

77. VERÄNDERN ODER STERBEN

Als Unternehmer haben Sie heute genau zwei Möglichkeiten: Sie können sich aktiv verändern. Oder Sie werden sterben. Diese Aussage ist Ihnen zu hart? Dann lassen Sie uns anschauen, was passiert, wenn man diesen Rat ignoriert.

Können Sie sich noch an den Sony-Walkman, den Kodak-Farbfilm oder die Yahoo-Suchmaschine erinnern? Alle drei Produkte waren einst der absolute Marktführer in ihrem Segment. Vielleicht sogar noch mehr. Die Erfindung des Walkmans im Jahr 1979 sorgte für eine kulturelle Revolution – eine ganze Generation war plötzlich mit Kopfhörern in der U-Bahn, auf dem Weg zur Arbeit oder beim Joggen anzutreffen. Familien auf der ganzen Welt hielten ihre Urlaubserinnerungen auf einem Kodak-Film fest, was dafür sorgte, dass Kodak im Jahr 1991 einen Rekordumsatz von 19,4 Mrd. Dollar generieren konnte. Und es gab wohl nicht einen einzigen User, der in den Anfangsjahren des Internets seine Suchanfragen nicht über das Eingabefeld von Altavista laufen ließ.

> In Zeiten des Wandels haben wir zwei Möglichkeiten: Entweder wir verändern uns oder wir verschwinden vom Markt.

Heute ist das alles längst Geschichte. Sony spielt auf dem Markt für portable Musik schon lange keine Rolle mehr. Das Geschäft macht heute Apple mit seinen iPhones. Kodak wurde von der Entwicklung der digitalen Fotografie nahezu überrollt und musste im Jahr 2012 sogar Insolvenz anmelden. Und wann haben Sie das letzte Mal die Seite yahoo.com dazu genutzt, um im Internet nach etwas zu suchen? In diesem Segment ist Google mittlerweile so erfolgreich geworden, dass der

Unternehmensname zum Synonym für diese Tätigkeit geworden ist. Man sucht heute nicht mehr, man googelt.

Das Tragische an diesen Beispielen: Alle drei Unternehmen sind einzig und allein daran gescheitert, dass sie sich nicht rechtzeitig dem Wandel angepasst haben. Die notwendige Technik, das Know-how und auch die finanzielle Stärke – all das war vorhanden. Doch statt diese Ressourcen in eine innovative Zukunftsstrategie zu investieren, entschied man sich lieber für ein bequemes »weiter so«. Vom Markt vor die Alternative »change or die« gestellt, entschied man sich für die zweite Variante, starb einen Tod auf Raten und verschwand komplett vom Markt.

Dabei sind dies ja nur drei Beispiele aus einer riesigen Anzahl vergleichbarer Fälle. Denken Sie nur an Hertie, Loewe, die Kirch-Gruppe, Holzmann, Quelle, Schiesser, Märklin, Pfaff, Schlecker oder Praktiker. All diese deutschen Erfolgsmarken haben entweder Insolvenz angemeldet oder sind komplett von der Bildfläche verschwunden. Weil es in Zeiten des immer schneller werdenden Wandels nur zwei Möglichkeiten gibt: Entweder wir verändern uns. Oder wir werden sterben und vom Markt verschwinden.

Die Entscheidung liegt bei Ihnen. Jeden Tag aufs Neue. Wählen Sie weise.

77 ½. MACH DEIN DING

Ich kann Ihnen gar nicht sagen, wie sehr ich unsere gemeinsame Zeit genossen habe. Ein Buch wie dieses ist auch für mich eine Premiere gewesen, und ich hoffe, dass Sie aus der Vielzahl der unterschiedlichen Ideen für Ihre konkrete Lebenssituation etwas mitnehmen konnten. Denken Sie immer daran: Lieber eine Sache konsequent umsetzen als sich zehn vornehmen und dann wegen zu vieler Aufgaben aufgeben und doch lieber beim Alten bleiben. Auch an eine weitere wichtige Idee dieses Buchs möchte ich Sie erinnern: Lieber unperfekt begonnen als perfekt gezögert!

Schon bei der Vorbereitung dieses Buches wurde ich oft gefragt, warum es denn ausgerechnet 77 ½ Impulse enthält. Warum eine so krumme Zahl? Das ist ganz einfach. Ich habe mich bewusst dafür entschieden, mit der Auflösung bis jetzt zu warten.

Schon immer war ich von der Zahl Sieben fasziniert. Die biblische Schöpfungsgeschichte erzählt von sieben Tagen, es gibt sieben Todsünden, Schneewittchen lebte bei den sieben Zwergen hinter den sieben Bergen und auch James Bond ist besser bekannt als 007. Nicht umsonst gilt die Sieben als Glückszahl und damit ja auch als Zahl der Veränderung, wenn sich alles zum Guten wendet. Was lag daher näher, als dieses Buch in siebenundsiebzig Kapitel aufzuteilen? Jetzt werden Sie möglicherweise sagen: »Okay, Ilja, das verstehe ich. Warum aber noch ein Siebtel Kapitel ganz am Ende?«

Das letzte Siebtel enthält eine Idee, ohne die dieses Buch nutzlos wäre. Der letzte Impuls ist daher auch der wichtigste von allen. Bislang fehlt nämlich noch eine entscheidende Zutat: Ihre Persönlichkeit, Ihre konkrete Umsetzung und Ihr individueller Weg. Stellen Sie sich meine Ideen und Anregungen als ein Skelett vor, das Sie nun durch Ihr Handeln zu einem vollständigen Wesen komplettieren. Diese ganz individuelle Ergänzung bildet die fehlenden sechs Siebtel, die aus den Impulsen ein gelebtes Verhalten machen.

Und sie kann auch Ihr ganz persönlicher Jackpot werden. In vielen Ländern gilt die Sieben als Glückszahl. Sie können dieses Buch dazu nutzen, Ihre ganz persönliche Sieben – mit anderen Worten: Ihr Glück – zu gestalten. Wenn Sie ins Handeln kommen. Wenn Sie beginnen, die wichtigsten Impulse dieses Buches umzusetzen. Wenn Sie sich auf den Weg zu Ihrer eigenen Großartigkeit machen. Sollten Sie auf diesem Weg einmal Zweifel bekommen, dann erinnern Sie sich an die Worte des großen Zig Ziglar: »Du musst nicht großartig sein, um etwas zu beginnen, aber du musst etwas beginnen, um großartig zu sein.« Fangen Sie also an. Machen Sie sich auf den Weg. Und nutzen Sie die Kraft der Veränderung, um das Leben zu führen, von dem Sie träumen.

Ich wünsche Ihnen auf diesem Weg alles erdenklich Gute. Das Zeitalter der Unternehmer hat begonnen. Das Zeitalter der Veränderung hat begonnen. Machen Sie Ihr Ding und drücken Sie der Welt den Stempel Ihrer einzigartigen Persönlichkeit auf. Und wenn Sie einmal daran zweifeln sollten, ob dieser Weg immer noch der richtige für Sie ist, dann würde ich mir wünschen, dass Sie sich an die Worte von Udo Lindenberg erinnern: »Und ich mach mein Ding, egal was die anderen sagen. Ich geh meinen Weg, ob gerade, ob schräg, das ist egal. Ich mach mein Ding, egal was die anderen labern, was die Schwachmaten einem so raten, das ist egal. Ich mach mein Ding.«

Herzliche Grüße – und machen Sie es einfach!
Ihr
Ilja Grzeskowitz

One more thing

Okay, einen hab ich noch. Nein, ich möchte Ihnen kein neues Produkt vorstellen, wie es Steve Jobs zu den guten alten Apple-Zeiten am Ende seiner Keynotes immer gemacht hat. Stattdessen möchte ich einen Gedanken mit Ihnen teilen, der durchaus das Potenzial gehabt hätte, ein eigenes Kapitel zu erhalten. Wieder dreht es sich um ein sehr einfaches Prinzip, das aber große Auswirkungen hat. Mir fällt nämlich eines immer wieder auf. Sehr viele Unternehmer versuchen es mit komplizierten Techniken, auswendig gelernten Methoden oder sonstigen theoretischen Ansätzen, wenn es darum geht, etwas zu bekommen. Einen Auftrag. Einen Kontakt. Oder eine bestimmte Vertragsänderung. Und zeigen sich dann oftmals sehr verwundert, wenn ihre Anstrengung keinen Erfolg zeigt.

Dabei gibt es einen einfachen und um ein Vielfaches wirkungsvolleren Ansatz, der so gut wie immer zum gewünschten Resultat führt: Fragen Sie einfach! Ich bin mir bewusst, dass dies banal klingt, aber offen und ehrlich nach dem zu fragen, was Sie gerne hätten, funktioniert in neunundneunzig von hundert Fällen. Machen Sie gerne die Probe aufs Exempel.

Weil ich von der Kraft der direkten, offenen und ehrlichen Fragen so überzeugt bin, möchte ich dies gleich in die Praxis umsetzen und Sie, liebe Leserinnen und Leser, um etwas bitten: Wenn Ihnen das Buch gefallen hat, würden Sie es dann Ihren Freunden und Bekannten weiterempfehlen? Das wäre wirklich großartig und Sie unterstützen mich damit sehr. Ich sage schon mal Danke im Voraus.

Wenn Sie sich mit anderen Unternehmern, Querdenkern und Machern austauschen möchten, dann schauen Sie doch mal in meiner geschlossenen Facebookgruppe vorbei:

www.facebook.com/groups/MachEsEinfach

Literaturempfehlungen

Ich möchte Ihnen ein wenig Lektüre empfehlen, die mich sehr inspiriert hat und – neben all meinen Erfahrungen, Erlebnissen und weiteren Büchern, Vorträgen, Gesprächen usw. – immer wieder gedanklich beschäftigt. Insofern ist sie natürlich auch in dieses Buch eingeflossen. Wenn Sie sich weiter mit den Themenfacetten dieses Manifestes beschäftigen möchten – hier ist eine kleine Auswahl:

Drucker, Peter: *Innovation and Entrepreneurship*. HarperBusiness, Auflage: Reprint 2006

Ferriss, Timothy: *Die 4-Stunden-Woche*. Ullstein Taschenbuch, 2015

Godin, Seth: *The Icarus Deception. How High Will You Fly?* Portfolio Penguin, 2012

Hayzlett, Jeffrey W.: *Think Big. Act Bigger. The Rewards of Being Relentless*. Entrepreneur Press, 2015

Pressfield, Steven: *The War of Art: Break Through the Blocks and Win Your Inner Creative Battles*. Entrepreneur Press, 2015

Rand, Ayn: *Atlas Shrugged*. Penguin, 1997

Samit, Jay: *Disrupt Yourself*. Bluebird, Auflage: Main Market Ed. 2015

Schüller, Anne: *Touchpoints: Auf Tuchfühlung mit dem Kunden von heute. Managementstrategien für unsere neue Businesswelt*, GABAL Verlag, 6. Auflage 2012

Sprenger, Reinhard K.: *Der dressierte Bürger*. Campus, 2005

Vaynerchuck, Gary: *Summary #AskGaryVee: One Entrepreneur's Take on Leadership, Social Media, and Self-Awareness*. CreateSpace Independent Publishing Platform, 2016 (Empfehlung: unbedingt die Audio-Version wählen!)

von Mises, Ludwig: *Liberalismus*. academia Richarz, 4., unveränd.
Auflage 2006

Winget, Larry: *Shut Up, Stop Whining, and Get a Life: A Kick-Butt Approach to a Better Life*. John Wiley & Sons, 2. Auflage 2011

Die meisten der verwendeten Zitate in diesem Buch wurden vom Autor aus dem Englischen übersetzt.

Über den Autor

In jeder Veränderung stecken riesige Chancen, wenn man bereit ist, sie zu erkennen und zu nutzen. Das weiß Ilja Grzeskowitz wie kein Zweiter. Der diplomierte Wirtschaftswissenschaftler startete seine Karriere als jüngster Geschäftsführer Deutschlands bei Karstadt und war für zehn Standorte im gesamten Bundesgebiet verantwortlich, bevor er als Storemanager zu IKEA wechselte. Im Jahr 2009 gründete er sein eigenes Unternehmen und arbeitet seitdem als Trendscout und Veränderungsexperte permanent an innovativen und praxistauglichen Change-Konzepten.

Er war Lehrbeauftragter an der Berlin School of Law and Economics und der SRH Hochschule und berät große und kleine Firmen beim Thema Changemanagement. Als Autor hat Ilja bereits sieben Bücher veröffentlicht, u.a. *Attitüde – Erfolg durch die richtige innere Haltung, Mach es einfach!* und *Think it. Do it. Change it.* Seine große Mission ist es, Unternehmen dabei zu unterstützen, eine Kultur der Veränderung zu etablieren, die von Innovation, Flexibilität und Mut zu neuen Wegen geprägt ist. Als Redner und Keynote-Speaker hat Ilja bereits in neun Ländern auf drei Kontinenten gesprochen. Zu seinen Kunden gehören große Marken wie Audi, BMW, Daimler, Lufthansa, Nespresso, Telekom und Zalando, aber auch viele kleine und mittelständische Unternehmen.

Ilja ist nordisch by nature und lebt mit seiner Familie seit vielen Jahren in seiner Wahlheimat Berlin. Er hat zwei wunderbare Töchter, spielt leidenschaftlich gerne Golf und trinkt gerne Single Malt Whiskys.

Mehr Infos und Kontakt:

www.grzeskowitz.de
facebook.com/igrzeskowitz
youtube.com/igrzeskowitz
instagram.com/igrzeskowitz
twitter.com/igrzeskowitz

Let the change begin: mein Angebot an Sie

Die Zukunft bleibt spannend. Und ich freue mich sehr auf die nächsten Jahre. Denn bei allen Krisen, Schwierigkeiten und Herausforderungen warten eben auch riesige Chancen auf jeden Einzelnen von uns. Mein großes Ziel beim Schreiben dieses Manifests war es, dass Sie nach der Lektüre die anstehenden Herausforderungen aus einem anderen Blickwinkel betrachten und sich mit Leidenschaft und Mut an die aktive Gestaltung Ihrer Zukunft machen. Wenn Sie auf Ihrem Weg ein wenig Unterstützung benötigen, dann begleite ich Sie gerne bei der Analyse, Planung und vor allem der Umsetzung der Veränderung. Als Ihr Sparringspartner, als Keynote-Speaker oder als Coach, der Sie je nach Anforderung zieht, schiebt, begleitet und bei Bedarf auch den mir so oft nachgesagten liebevollen Tritt in den Hintern versetzt. In folgenden Bereichen kann ich Sie und Ihr Unternehmen unterstützen.

Keynotes und Vorträge

Sie planen eine Firmenveranstaltung, ein Kick-off-Event, einen Kongress oder ein sonstiges Event? Dann buchen Sie mich als Ihren Keynote-Speaker. Das heißt vor allem eins: hochwertige Inhalte, humorvolles Entertainment und viele »Au ja!«-Momente für Kunden, Mitarbeiter und Geschäftspartner. Das Ergebnis: nachhaltige Motivation, die Ärmel hochzukrempeln und die anstehenden Herausforderungen anzupacken.

Infos und Buchung unter:

http://www.grzeskowitz.de/keynote-speaker-change/

Change-Coaching-Programme für nachhaltige Veränderung

Bedürfnisse und Menschen sind immer individuell. Aus diesem Grund haben wir für jede Anforderung ein spezielles Coaching-Programm entwickelt. Vom beliebten *Strategietag* über das *Personal-Power-Paket* bis hin zum umfangreichsten Programm, dem *Mentoring 365,* ist auch für Ihre Ziele garantiert das richtige Angebot dabei. Eines haben alle drei Coaching-Programme gemeinsam: Ich stehe Ihnen als Ihr persönlicher Veränderungscoach mit all meiner Expertise und Erfahrung gerne zur Verfügung. Ich werde Sie herausfordern, anschieben, ziehen und ermutigen. Und wenn es sein muss, dann erhalten Sie auch gerne einen liebevollen Tritt in den Hintern.

Infos und Buchung unter:

http://www.grzeskowitz.de/change-coaching-programme-fuer-nachhaltige-veraenderung/

Ausbildung zum zertifizierten Veränderungscoach

Wie wäre es, wenn Sie anderen Menschen beim Lösen ihrer Probleme und beim Erreichen ihrer Träume helfen könnten? Werden Sie selbst zum Veränderungscoach und nehmen Sie an der zertifizierten Ausbildung teil. Als Leser dieses Buches erhalten Sie auf die Seminargebühr einen exklusiven Rabatt von 200 Euro. Geben Sie einfach bei der Buchung den Rabattcode »Change-Manifest« an.

Infos und Buchung unter:

http://www.grzeskowitz.de/zertifizierte-coaching-ausbildung/

Stichwortverzeichnis